The Unique World

**方寸**

方寸之间　别有天地

# 园丁拯救地球

# 打造身边的立体生态花园

〔英〕戴夫·古尔森——著

王晨——译

社会科学文献出版社
SOCIAL SCIENCES ACADEMIC PRESS (CHINA)

# 目 录

# 目　录

# 目　录

# 序言

　　本书讲述的是那些生活在我们眼皮子底下、我们的花园和公园里、铺装路面的缝隙里以及我们脚下土壤中的野生动植物。无论你此时身在何处，距离你几步之遥的地方都很可能静静地生活着蚯蚓、鼠妇（woodlice）、蜈蚣、苍蝇、蠹虫（silverfish）、黄蜂、甲虫、小鼠、鼩鼱（shrew）等。即便是一座小花园，也可以容纳数百种野生昆虫、小型哺乳动物和植物。这些生物的生活可能与你在野生动植物纪录片中看到的那些更有魅力的大型哺乳动物或热带鸟类的生活一样迷人，而且常常让人感到更加陌生。更重要的是，因为这些生物生活在我们周围，而不是在某个雾气笼罩的遥远丛林里，所以我们可以近距离接触它们，观察它们在从出生、求偶、交配到死亡的过程中经历的考验和磨难，所有这一切都发生在我们眼皮子底下。我记得克里斯·帕卡姆（Chris Packham）曾说，比起花 1 个小时去观看关于塞伦盖蒂草原狮子的华丽的电视节目，他更喜欢趴在地上看 10 分钟的鼠妇。这本书歌颂的就是生活在我们花园里的小生灵们的生活。我希望它也能给你一些启发，让你知道我们可以采取哪些实际行动来增加生物多样性，将更多美妙的生物吸引到我们的生活中来。你可以很容易地将这些行动与大量种植健康、不使用杀虫剂、零食物里程的水果和蔬菜结合起来，因为花园和份地（allotment）拥有很高的生产力，人类和野生动植物可以在这些场所和谐共存，共同繁荣，不必陷入冲突。花园为我们提供了一个空间，让我们可以在这里重新与自然连接，重新发现食物是从哪里来的。如果我们接受这一点，我们也许能够拯救地球，从而拯救我们自己。所以，跟我一起去探索隐藏在你家后门外的茂密树林吧……

# 1

## 繁茂的植物

### 制作桑葚麦芬蛋糕

配料：黄油 110 克，普通面粉 250 克，幼砂糖 250 克，鸡蛋 2 个，牛奶 125 毫升，发酵粉 2 茶匙，盐 1/2 茶匙，桑葚 250 克

1. 种桑树。可能需要 10 年或者更久才能结果，因为桑树长得很慢。如果你着急的话，可以买一栋花园里有成年桑树的房子。

2. 将烤箱预热到 180℃。给麦芬蛋糕模具涂抹油脂。将发酵粉、面粉和盐混合起来。

3. 将黄油和糖搅打成轻盈蓬松的奶油状。加入鸡蛋，搅打。加入牛奶和面粉混合物，搅打。加入桑葚，搅拌均匀。

4. 倒入麦芬蛋糕模具，装至 2/3 处。烤 25 分钟。

这些非常黏软、湿润、极为美味的麦芬蛋糕，绝对值得 10 年的等待。

　　几千年来，我们人类结成小团体，过着狩猎－采集的生活，对自己部落领地以外的世界一无所知，只和我们能够看见、触摸以及品尝的东西打交道。我们收获浆果和坚果，捕捉鱼和野味，后来又种植作物。对我们来说，地球是平的。我们不了解也不担心人口过剩、环境污染或气候变化这些全球问题，大概也不会提前几年做计划。也许，这种情况延续数千年的结果就是，我们的大脑似乎不太能够把握大局，难以理解和应对那些可能需要几十年或几百年才能看到结果的进展缓慢的全球变化。我们为这颗星球的长期福祉而提前做的那些计划自然仍有很多不足之处。

　　即便是在 21 世纪的今天，尽管我们对宇宙的认知已经大大增加，但我们面临的重大问题似乎仍超出了个人的认知范畴，十分棘手，难以应付。在减缓气候变化、阻止砍伐雨林或者抵制为获得犀牛角所谓的药用价值而猎杀犀牛等方面，我个人能够做的任何事情似乎都是微不足道和无效的。做一名环保主义者很容易让人感到无助和沮丧。对我个人而言，鼓励我持续斗争下去的力量大多来自可以在自家花园里取得的小规模胜利，因为那是我在地球上可以控制的一个小角落，小到我的大脑可以理解它，小到我可以在那里让事情步入正轨。在大学办公室度过的一天有时是单调乏味的，可能花很长时间来应对没完没了的电子邮件的攻击，而不是做一些有用的事，我们大多数人似乎都是这样的。在这样工作一天之后，我走进花园，把手伸进泥土，从中收获巨大的鼓舞和乐趣。我播下种子，在它们生长的过程中抚育它们，浇水、用覆盖物覆盖地面、除草、收获、堆肥，顺应季节的更替。这是我最擅长应对的空间范畴，此时我能看到和感受到自己行为的效果。对我来说，拯救地球的第一步是照顾好自己的一小片天地。

自 19 岁离家起，30 多年以来，我陆续有过 6 座花园。最开始是极其丑陋的迪德科特——前地方议会驻地一座混凝土建筑后面的一块巴掌大的长方形土地，现在是这座稍微有些凌乱但令人愉悦的两英亩①花园，位于东萨塞克斯郡的威尔德（Weald）。

在土壤、朝向和植物方面，每座花园都迥然不同，但是对于每一座花园，我都尝试温和地引导它，让它尽可能养活最多的野生动植物。在这个过程中，我边做边学。特别重要的一点是，我尝试吸引蜂类和其他授粉者，具体做法是为它们提供鲜花盛宴，并尽可能提供一些安静的地方供其筑巢、繁殖和过冬。

野生动植物园艺其实很简单。植物会自己生长，蜂类和蝴蝶会在植物开花时找到它们。食草动物会冒出来，包括蛞蝓、蜗牛、象甲（weevil）、叶甲（leaf beetle）和毛毛虫等，接着捕食者会赶来吃它们。挖一个池塘，各种各样的植物、昆虫和两栖动物会奇迹般地自动出现，不知它们用什么方式在数英里之外嗅到了这片尚未被占领的水域。对于成功的野生动植物园艺，你不做

① 1 英亩≈4047 平方米。——编者注

什么和你做了什么同样重要。这并不是说野生动植物花园就必须不整洁。很多人把野生动植物花园想象成一片乱糟糟的悬钩子、荨麻和蒲公英，确实，这样一座放任自流的花园肯定会吸引很多野生动物，但是你完全可以拥有一座既整洁美丽又充满生机的花园（当然，整洁往往需要投入更多心思）。无论是整洁还是凌乱，无论是一座小小的庭院，还是连绵数英亩的苍翠土地，你的花园都可能已经是数百甚至数千个野生物种的家园了。

据我所知，一座花园可以容纳多少野生动植物的深入定量调查在全世界只进行过一次，而且是在莱斯特城的郊外。我的博士导师丹尼斯·欧文（Denis Owen）是个烟瘾很大、很有魅力的老顽童式的人物，他是热带蝴蝶专家，曾与珍妮弗·欧文（Jennifer Owen）结婚，这位女士后来成了野生动植物园艺界的伟大女英雄之一。从 20 世纪 70 年代到 2010 年，珍妮弗用生命中为数不少的年份记录了她的小花园的生物多样性。从多方面来看，这都是一座普通的花园，只是她没有使用任何农药。花园里有若干花圃、一块小草坪、一两棵树和一块菜圃，总面积 0.07 公顷。

在莱斯特的这个小花园里，她设卜捕蛾器米吸引夜行性昆虫，挖陷阱来捕捉在地面上奔跑的昆虫，还制作了一个马氏诱捕网①来捕捉飞行昆虫。她还仔细记录了植物种类，以及从花园

---

① 瑞典生物学家兼勇敢的探险家勒内·马莱塞（René Malaise）发明的一种帐篷状结构，可以拦截任何飞行中的小型昆虫，并诱使它们自投于一个装有酒精的瓶子里。当然还有比这更糟糕的去路。

中经过的任何鸟类或哺乳动物。在全情投入的35年里，她鉴定出至少2673个物种，包括474种植物、1997种昆虫，以及其他138种无脊椎动物（蜘蛛、蜈蚣、蛞蝓等）和64种脊椎动物（大多数是鸟类）。[1] 更令人印象深刻的是，在这35年的大部分时间里，珍妮弗都在和多发性硬化症做斗争，遗憾的是，如今她不得不将花园的很大一部分硬化，好让自己的轮椅和车辆出入。尽管如此，她说这里仍然有相当多的野生动植物。

当然，野生动植物花园的基础是植物，它们是食物链的最底层，是其他一切得以建立的基础。在距离我们大约1亿英里[2]外的太空中漂浮着一个由燃烧的氢组成的球体，植物叶片中微小的叶绿体可以捕获它释放的能量。它们将这些能量储存在原子之间的键中，从而将其转变为化学能，一开始是简单的糖，然后这些糖被转化为复杂的碳水化合物，主要是淀粉和纤维素。然后，储存在植物枝叶和根茎中的能量被转移到吃植物叶片的毛毛虫和蛞蝓、吸食植物汁液的蚜虫，以及喝花朵含糖花蜜的蜂类和蝴蝶体内。反过来，这些动物会被鸫鸟（thrush）、蓝山雀（blue tit）、鸲鹟或霸鹟（flycatcher）吃掉，而后面这些动物本身又为雀鹰或猫头鹰提供了食物。所有的一切，从花园池塘里蟾蜍的温和鸣叫到头顶红隼的疯狂盘旋，都是由遥远的太阳

---

[1] 珍妮弗·欧文在《一座花园的野生动物植物：一项持续30年的研究》（*Wildlife of a Garden: A Thirty-Year Study*）中以令人愉悦的笔调描述了自己这些年来发现的生物。

[2] 1英里≈1.6千米。——编者注

的光照驱动的。如果你想得太深，这看上去似乎是一套极度不真实和不稳定的系统。

以植物为食的动物往往会对某种特定植物有所偏好。冬青潜叶蝇（holly leaf miner）的整个发育过程只需要不到一年的时间，在这段时间里，它一直都在冬青叶的角质层下挖洞。它会制造出一个独特的棕色水泡，最终在春末变成一只微小的淡黄色飞蝇。它从不出现在任何其他植物物种上，也不出现在冬青树的任何其他部位。红襟粉蝶（orange-tip butterfly）的毛毛虫更喜欢吃草甸碎米芥（lady's smock）的种荚，如果必要的话也会吃大蒜或钻果大蒜芥（hedge mustard）的种荚，但是它对其他大多数十字花科植物都不屑一顾，而且并不会想去吃其他任何东西。有 284 种不同类型的昆虫以栎树的某个部位为食，包括瘿蜂（gall wasp）、介壳虫、蚜虫、蛾子和蝴蝶的毛毛虫、沫蝉（froghopper）、象甲、天牛等。每种昆虫都倾向于在一年当中的特定时间专门食用该植物的特定部位，于是栎树所捕获的能量资源就这样被一群微小的生物瓜分了。栎翠灰蝶（purple hairstreak butterfly）的毛毛虫潜入树冠高处的芽，而栎绿卷蛾（green oak tortrix moth）的毛毛虫则将较老的树叶卷成管状，用丝将叶片粘起来，然后生活在里面。与此同时，栎实象甲（acorn weevil）的幼虫在栎实里静静地挖洞。通过这种方式，这些昆虫各自占据着自己的小生态位，在很大程度上避免了相互竞争。有些昆虫就不那么挑剔了，它们吃的植物叶片种类多样。绰号"毛熊"（woolly bear）的豹灯蛾（garden tiger moth）的毛毛虫吃蒲公英、酸模（dock）、荨麻，还会吃它们遇到的其他任何东西，只是多少的区别。但这样做的昆虫是例外。大多数草食性昆虫只吃一种植物，或者少数几种有密切亲缘关系的植物，它们宁愿饿死也不尝试其他任何食物。你可能会想，它们为什么对自己的饮食选择如此明确和固执呢？科学家认为，答案在于植物针对食草动物进化出了很多防御手段。一些防御手段是物理的——坚硬的叶片、刺、刚毛等，但大多数防御手段是化学的。几千年来，植物进化出了种类繁多的毒素，并将这些毒素注入自己的组织，以驱赶或毒害那些吃它们的动物。卷心菜制造出了富含硫的芥子油苷（glucosinolate），正是这种化学物质让煮熟的卷心菜、芥菜、辣根（horseradish）和抱子甘蓝（Brussels sprout）散发出独特而刺鼻的"学校晚餐气味"。芥子油苷本身的毒性并不大，但它以小包的形式储存在植物细胞中，如果叶片被摄食的毛毛虫咀嚼或咬碎，或者被绵羊用力咀嚼，这些小包就会破裂，细胞内的酶会迅速将芥子油苷转化为有毒的芥子油。大多数昆虫无法应对这些化学物质，因此它们就不会去吃卷心菜及其近缘物种。当卷心菜首次进化出芥子油苷时，它们一定指望自己能过几千年轻松的日子，但是最终有几种昆虫找到了破解这种防御手段的方法，如红襟粉蝶、欧洲粉蝶（large white butterfly）和菜粉蝶（small white butterfly），以及油菜茎跳甲（cabbage stem flea beetle），它们全都进化出了独特的化学方法，可以将芥子油苷转化成无害化合物而非芥子油。有些昆虫则将芥子油苷储存在自己的组织内，令自己变得难以入口，例如卷心菜斑色蝽（American harlequin bug）和芜菁叶蜂（turnip sawfly）。

　　科学家认为，类似的事件曾在 4 亿年的陆地生命进化史中屡次上演。任何一种植物若是进化出某种让自己难以入口的新型化学防御手段，就会在面对比自己更好吃的竞争对手时形成巨大的优势，更有可能繁殖和扩张。这些植物的繁殖和扩张提供了大量未被染指的资源，而食草动物早晚会产生能够让自己应对新毒素的某种突变。它或是能够分解这种化学物质，或是将其封存在自己的组织中。某些毒素的作用原理是阻断重要的生化途径，而昆虫可能会进化出另一条途径来克服毒素的影响。无论是什么机制，这种食草动物的后代从此就可以兴旺繁衍，专门以这种特定的植物为食了，因为它提供了大量食物，而且不存在竞争。成年昆虫常常用植物防御机制的气味帮助自己确定产卵位置，尽管这种气味一开始是为了阻拦它们。这种循环的结果就是一场没完没了的"军备竞赛"，植物在进化压力下发展新的防御手段，而食草昆虫在进化之旅中紧追不舍，针对植物带来的问题设计出解决方案。因为每种植物往往拥有不同的毒素，所以食草动物的专食性是必要的，成为全能高手很困难，更好的选择是成为某个门类的专才。正是这种进化游戏导致食草昆虫和它们偏好的食料植物之间联系紧密，科学家认为这驱动了地球上相当大一部分生命的进化。为了避免新食草物种的蚕食，植物会不断进化出新的物种，而随着食草动物对植物亦步亦趋地适应，它们自己也会发生变化，成为新的物种。每种植物最终都有自己的专性食草动物，而每种食草动物都有自己的专性捕食者和寄生者。科学家发现，有些雨林树种光是甲虫就能养活700多种，而我们剩余的热带雨林里生活着超过10万种树木，所以很容易看出，植物的多样性支撑着生命令人难以置信的丰富多彩。

人类充分利用了植物防御化学物质的多样性，虽然它们被植物用作毒素，但是在小剂量使用时有很多优良性质。有些被我们用作烹饪中的调味品，其风味正是来自香草中的植物防御化合物。在相当长的历史时期中，我们拥有的唯一的药物就是草药。洋地黄（digitalis）就是其中一种，它是从毛地黄（foxglove）中提炼的治疗心脏疾病的药物，在较高剂量下是致命的。许多现代药物都以植物提取物为基础，而且人们正在不断发现新的药物。我们还将来自植物的化学物质用作天然杀虫剂，其中一些被准许用于有机农业生产，例如除虫菊酯（从菊花中提取）。从香茅（lemongrass）中提取的香茅油（citronella）可以驱蚊。尼古丁制品、大麻、咖啡因制品和鸦片等"娱乐"药物（以及用来治疗疟疾的奎宁）都是植物为了抵御食草动物制造的天然生物碱。毫无疑问，在许多尚未得到研究的热带植物中，还有很多新的、有用的化合物待发现，这是我们应该明智地停止破坏热带雨林的诸多原因之一。毫无疑问，雨林中仍藏着许多有用的化学物质。

你可能会想，为什么要说这些跟花园不太相关的内容？其实园丁在这里可以学到一些东西。我们选择种植的植物会对吃它们或造访它们的昆虫产生巨大的影响，从而进一步影响鸟类、蝙蝠、鼩鼱以及捕食性昆虫如蜻蜓等的食物供应。一切都始于植物。

这就将我们带到了野生动植物园艺中最大的争论之一——本土和非本土上。种植在大多数花园中的大多数植物都是非本土的，例如，在谢菲尔德大学的肯·汤普森（Ken Thompson）及其同事对谢菲尔德60座城市花园进行的一项研究中，他们记录下的植物物种只有1/3是英国本土物种，其余2/3都是外来物种，主要来自欧洲大陆和亚洲。与荒地或半自然生境相比，花园总体上的植物种类要多得多。肯的团队在不同类型的生境中反复设置1平方米的样方[①]，发现短时间内每个样方中的植物物种数量在不同类型的生境中大致相同，但是在半自然地区，连续样方中发现的物种数量在累积至大约120之后趋于平缓，而在花园里，这一数字会继续上升。总体而言，花园中的植物种类是半自然地区的两倍多。

当然，这并不令人意外，因为热情的园丁会不断增添有趣的新植物，他们会在园艺中心冲动购物，或者从种子目录上看后购物，或者接受朋友的馈赠。这是很难抗拒的，因为在这个时

---

① 植物生态学家使用的金属丝矩形框，用来研究植物的丰富度和多样性，研究方法包括不断清点随机样方内的植物物种数量等。

代，来自全球各地的各种植物物种都有几乎无穷无尽、令人眼花缭乱的品种可供选择。在英国，可以买到1.4万个不同植物物种的超过7万个品种。如果你想吸引野生动物，你应该选择哪些？有某种普遍性的原则吗？特别是，本土野生花卉比非本土的更好吗？

肯·汤普森对谢菲尔德众多花园的研究表明，在拥有更多本土植物物种的花园里，昆虫多样性并没有显著地变得丰富。最好的预测指标仅仅是不同植物的物种数量和植被规模，拥有大量植物和更多乔灌木的花园往往有更多昆虫。此外，这些花园在本土植物的比例上往往相似。肯的研究对象中不包括专门种植本土植物或者非本土植物的花园，所以除非本土和非本土植物比例的微小变化会对昆虫产生真正深远的影响，不然他不太可能察觉任何模式。我们真正需要的是这样一种实验，它需要从零开始创造若干不同的花园，有些只种植本土植物，有些只种植非本土植物，其余的两类植物都种植。这项实验也许可以在某个新建住宅区进行，那里所有的花园都是从零开始的。这将会非常有趣，但我无法想象短时间内会有人资助这样的研究。到目前为止，我们拥有的最好的证据来自安德鲁·索尔兹伯里（Andrew Salisbury）及其同事在皇家园艺学会（Royal Horticultural Society）的威斯利花园做的一项研究。他们使用本土植物、本土植物近缘物种和来自南半球的异域植物设立了若干块小实验田，然后记录授粉者的访花情况。总体而言，与异域植物相比，本土植物及其近缘物种吸引了更多蜂类和其他昆虫。这并不怎么令人意外。一些异域植物进化得只能够吸引特定种类的授粉者，而威斯利没有这些授粉者比如蜂鸟。这些植物会把自己的花蜜藏在花的一根很深的管子底部，只有这些喙部细长的鸟儿才够得着。这些植物不太可能有很多访花者（尽管一些有"进取心"的熊蜂可能会掌握在花的侧壁咬出洞偷花蜜的技术）。大多数花并没有这样专门的授粉需求，而且英国的蜂类和蝴蝶与智利的或者南非的也没有太大的不同。某种在澳大利亚由蝴蝶授粉的花卉很可能对英国蝴蝶有着同样的吸引力。植物通常不会像对待它们的叶子那样用有毒化合物来保护自己的花蜜，毕竟它们"希望"授粉者造访，所以授粉者不需要像食草昆虫那样选择特定的目标植物。[①] 我在塔斯马尼亚见过 20 世纪 90 年代引入的欧洲熊蜂（buff-tailed bumblebee），它们的食物包括来自欧洲的三叶草、来自加利福尼亚的羽扇豆和来自塔斯马尼亚本土的桉树，甜甜的花蜜无论来自哪里，味道都一样好。

大多数植物都与多个授粉者类群有着模糊而灵活的联系，所以无论它们种植在哪里，通常都会有某种动物为它们授粉。同样，大多数授粉者的适应性也很好，在很多地方都能采集到食

---

① 这里有一点过于笼统。一些植物确实在它们的花蜜里添加了微量的生物活性化合物。例如，柑橘花蜜含有咖啡因，蜂类似乎很喜欢这种物质，这让它们在柑橘果园里活力十足地来回飞行，就像人类在早上喝了一杯卡布奇诺那样精神焕发。奇怪的是，杜鹃花蜜中含有浓度可以杀死某些蜂类物种的木藜芦烷类二萜（grayanotoxins），然而蜜蜂不知用了什么方法竟然可以用它酿造蜂蜜。如果过量食用，这种蜂蜜可以导致人类产生幻觉或死亡。

物。因此，如果你的目标仅仅是鼓励尽可能多的授粉者进入你的花园，那么大概就没有必要过于纠结植物的起源。一些非本土植物的表现相当出色。例如，蓝翅草（*Phacelia tanacetifolia*，英文名 blue tansy），原产美国西南部和墨西哥，但是要说在英国的花园里吸引熊蜂，它罕有敌手，蜂类为它发狂。茴藿香（*Agastache foeniculum*，英文名 giant hyssop）来自北美，它是蓝翅草的有力竞争者（不过我发现将它种在位于萨塞克斯郡的我家花园的潮湿黏土中时，它容易在冬天冻死）。如果只种植本土植物，我们大多数人会发现自己相当受限，但是当然，很多可爱的本土植物也值得在花园里占有一席之地。任何花园都应该有毛地黄，它们既喜阳又耐阴，紫色兜帽状的花朵构成壮观的尖塔。蓝蓟（viper's bugloss）也很棒，如果你拥有阳光充足、排水良好的土地，种植也很容易。紫色、蓝色和红色的花朵充盈着花蜜，受到各种蜂类的喜爱。牛至（marjoram）和百里香将为你的花园注入夏日草地的香气，同时吸引成群的蜂类、蝴蝶和食蚜蝇。

有一种常见的误解，认为本土花卉是"杂草"，但杂草只是长错了位置的植物，它们仅仅是出现在了园丁不想看到它们的位置上。在一定情况下，所有花卉都是某个地方的本土植物，所以本土植物和非本土植物、杂草和非杂草之间并没有根本性的区别。因此，你可以在转瞬之间消除自己花园里的所有杂草，只需要重新定义它们，将它们视作野花。话虽如此，有些花——包括本土和非本土物种——的自播倾向远远超出了你所希望的程度。蒲公英在 4 月和 5 月会呈现一种亮丽的色彩，很受英国一些早春独居蜂的青睐，如果附近有较多裸露地面可供它们占据的话，它们的种子就会传播开来。我的草坪上长了很多蒲公英，我让它们自由开花，但之后付出的小小代价是不得不在当年晚些时候锄掉它们留在花园里的幼苗。在思想足够开放的园丁看来，根本不存在杂草这么一回事，但是恐怕我还没有让自己提升到这种接纳万物的禅意境界，所以我经常用到自己的锄头。不过，我并没有试图用暴力将自己的意志强加于花园，而是试着温和地驾驭它，在我想鼓励其生长的植物周围留出一点空间，在我想抑制其生长的植物周围设置边界，并修剪它们。除非你只有一个非常小的花园或者你有很多空闲时间，否则为了全面控制而付出的努力很可能只会结束于满手水泡、失望和沮丧之中。

从环境的角度看，最危险的杂草不是本土植物，而是我们种植的异域花卉。在我们为了美化花园而引进的数千个植物物种中，有几种已经成为主要的入侵杂草，在我们的乡村地区肆虐。黑海杜鹃（*Rhododendron ponticum*）、虎杖（Japanese knotweed）、喜马拉雅凤仙花（Himalayan balsam）和巨型猪草（giant hogweed）或许是这些有害植物中最著名的，也是危害最严重的，它们形成的茂密群丛可能会扼杀我们种植的本土植被。所有这些植物都曾经是看似无害的园艺花卉，因其极具异域情调的花朵和漂亮的叶片而被进口并受到精心照料。从实际的角度看，园丁所能做的最好的事情就是阻止这些有害的入侵植物在我们的后院站稳脚跟，防止这里成为它入侵你所在社区的跳板。当然，我们种植的任何异域植物都有可能在某天变成入侵的那一方，这种风险进一步支持了尽可能种植本土植物的观点。

　　授粉者可能并不特别在意一种植物来自哪里，但很多食草昆虫特别在意。如我们所见，植物将防御性化学物质注入自己的叶片，而在其自然分布范围内，很可能有食草昆虫已经适应并攻破了这种防御手段。当植物被运送到英国的花园里时，这些本土昆虫通常不会随它们一起旅行。于是，除了蛞蝓和兔子等不挑食的物种，往往很少有食草动物吃异域植物。你可能会觉得这是一种优点，因为这使它们更有可能完整无缺地出现在你的花园里，但是如果你想最大限度地增加花园野生动物，那么你不应该过于介意几只蚜虫、蜡蝉（plant hopper）或毛毛虫在草本花境里咀嚼植物。种植本土毛蕊花（*Verbascum*，英文名 mullein），你可能会幸运地得到毛蕊花蛾（mullein moth）美丽的黑黄斑点毛毛虫；种植蝇子草（campion），你很有可能会见到蝇子草蛾（campion moth）的毛毛虫吃它们的种子；种植草原老鹳草（meadow cranesbill），你也许会得到老鹳草象甲（geranium weevils）。这些昆虫本身又是其他昆虫、鸟类、蝙蝠和两栖动物的猎物，所有的一切都是复杂生命网络的一部分。在我看来，种植本土植物比种植非本土植物更好是不言而喻的，但是我认为没有必要对此过分执着。

比一种植物是不是本土物种更关键的，也许是选择最好的品种。植物育种者花了几个世纪的时间，培育出了目前通过植株－种子目录或者园艺中心出售的7万个品种。他们为了获得不同寻常的颜色而培育新品种。例如，郁金香育种者花了将近500年试图培育出纯黑郁金香，但是从未完全成功［"保罗·谢勒"（Paul Scherer）这个品种已经相当接近，但是如果仔细看，你就会发现它其实是极深的紫色］。他们的育种目标还包括更大的花、更长的花期、额外的花瓣，以及他们喜欢的和可能吸引购买者的任何其他特征。遗憾的是，植物育种者在整个过程中从未考虑过授粉者，蜂类物种不是他们的目标受众。不过，蜂类和其他授粉者的确是野花的目标受众，我们的花园品种都是从这些野花进化而来的。花和蜂类已经协同进化了1.2亿年之久，我们今天看到的野花都拥有为了实现有效授粉而精心打磨的高度复杂的机制。当我们开始摆弄花朵，为了自己的目的而改变它们时，我们很可能会损害它们的某种功能。特定性状的快速人工选择往往会产生意想不到的后果，因此人们买到的许多色彩缤纷的花圃植物可能缺少香味或花蜜，或是没有花粉的不育杂交品种，又或是花朵结构令授粉者无法顺利访花。在我自己的花园里，有两棵矮樱树（dwarf cherry tree），它们的花是"重瓣"品种。正常樱花有5片组合成浅碟状的花瓣环绕着产生花粉的花药，花朵中央还有蜜腺，为经过的昆虫提供食物和饮料。然而，我的重瓣品种开的花却是一个由20片花瓣组成的乱蓬蓬的球，没有花药。这么多额外的花瓣让它们从远处看起来相当漂亮，但是没有花药意味着它们没有花粉，而且蜂类也无法触及蜜腺，所以昆虫对它们不感兴趣。我在附近种了一棵普通樱树，每到 4 月底就会吸引许多嗡嗡叫的昆虫，而这两棵重瓣樱树的周围则寂静无声。它们让我不舒服，因为它们是一种扭曲的突变体，与自然授粉过程的联系已被切断。我用来扣下电锯扳机的手指已经颤抖了好几年，但还是下不了手砍掉它们，因为一棵树毕竟是一棵树，而这个世界上已经没有足够多的树了。

015

重瓣花不是什么新鲜事物。它们是自然产生的突变体，通常很快会被淘汰，因为不吸引授粉者在野外显然是巨大的劣势。重瓣月季在公元前 286 年就得到了古希腊哲学家泰奥弗拉斯托斯（Theophrastus）的记述，从那时起，人们就一直在栽培重瓣月季，用插条产生新的植株。包括在情人节送出的经典的"杂种香水月季"（hybrid tea rose）在内，大多数园艺月季都是重瓣品种。如果一只雄蜂献给蜂后一朵这样的花，她是不会被打动的。幸运的是，园艺中心通常也出售单瓣月季，它们更像其野生祖先，对授粉者很友好。

其他观赏植物也有很多以出售重瓣品种为主，包括香石竹、山茶、芍药和楼斗菜（*Aquilegia*）。我这里的维特罗斯（Waitrose）超市目前正在出售重瓣蜀葵。单瓣品种对蜂类很友好，但重瓣品种对它毫无用处。我想走进店里对员工提出抗议，但我意识到这不切实际而且毫无意义，他们也很可能把我赶出来，取消我的免费咖啡特权，所以我到目前为止一直在克制自己。毕竟这是一个自由的国度，如果人们想要种植这种可憎的东西，那就祝他们好运吧，但是他们至少应该意识到自己在做什么。

没有重瓣花这一重大变异的不同园艺花卉品种对授粉者的吸引力也有很大的差异。互联网、图书和杂志上充斥着种植什么植物最能吸引昆虫的建议。皇家园艺学会就公布了一份这样的名单，它非常长，包括 198 个植物属。皇家园艺学会还提供了一个"完美吸引授粉昆虫"的标识，园艺中心可以把它贴在植物标签上，为顾客标出这份名单上的植物。作为负责保护我们自然环境的政府机构，英格兰自然署（Natural England）也公布了一份名单。我不想落于下风，在自己大学的网站上也贴出了一份名单。但是这些名单的质量如何？肯·汤普森在形容英格兰自然署的名单时说它看起来"很像是在周五下午晚些时候拼凑出来的"。我在萨塞克斯大学的同事弗朗西斯·拉特尼克斯（Francis Ratnieks）指导的博士生米哈伊尔·加布佐夫（Mihail Garbuzov）发表了对15 份此类名单的比较研究，并指出了一些共同的缺点。首先，这些名单惊人地不一致，没有任何植物同时出现在所有名单上，而且大部分植物只出现在一份或两份名单上。这表明它们并不完全可靠，而且要是新手野生动植物园丁用功找出几份名单并进行对比的话，一定会感到困惑。其次，这些名单中似乎没有一份是基于科学证据的。理想情况下，我们应该将所有不同品种并排种植在重复地块中，然后清点每个品种在一年当中会接受多少昆虫的造访。由于不同植物茁壮生长所需要的土壤和小气候并不相同，我们其实应该在全国各地的多个地点重复这个实验。有7万个植物品种可供选择，这个实验的规模将会相当大，而且就像本土和非本土植物的实验一样，不太可能会有人去开展。当然，较小规模的实验仍然是有价值的，而米哈伊尔自己也一直在尝试进行一些实验。

因为这些名单在很大程度上基于作者的个人经验，而其中一些人并不一定对该主题有很好的了解（有时可能只是懒惰地重复使用以前的名单），所以名单上的一些植物干脆是错误的。例如，有一份名单包括矮牵牛，这种花几乎不会被昆虫造访，对于授粉者最佳植物的入围名单而言，这看上去是非常奇怪的选择。其他对授粉者非常有吸引力的植物在大部分名单上都没有出现。例如，米哈伊尔的田间实验发现，某些类型的大丽花（*Dahlia*）是很棒的吸引熊蜂的植物，如"兰达夫主教"（"Bishop of Llandaff"）和"约克主教"（"Bishop of York"）。后来我在自己的花园里亲手尝试过并且可以证实这一点，但是大多数名单都没有提到大丽花。茴藿香很少被纳入名单，尽管它们对蜂类非常有吸引力。一种危险的可能性是，园丁们会推断这些名单以外的植物对授粉者而言一定没什么价值，但情况并不一定如此。

这些名单的最后一个缺点是，它们通常不指定具体的植物品种，常常只使用一个通用名称，如薰衣草（lavender），或者只列出属名，如葱属（*Allium*）。薰衣草包括薰衣草属（*Lavandula*）的 47 个物种，而其中的一些物种拥有十几个或者更多可在花园种植的不同品种，包括植株低矮的品种、白花（通常是淡紫色花）品种、彩叶品种等。葱属包含大约 800 个不同的野生物种，外加数百个园艺物种，还包括韭葱和洋葱，所以这是一个相当模糊的建议。哪些是最好的？再说一次，将它们并排种植的确是找到答案的唯一途径。米哈伊尔用代表 3 个物种的 13 个不同的薰衣草品种做了这样的实验，发现它们之间存在显著的差异。总体而言，他发现若是按照每平方米植株吸引的昆虫个数衡量，与种植更广泛的狭叶薰衣草（*Lavandula angustifolia*，英文名 English lavender，即"英格兰薰衣草"）相比，醒目薰衣草（*Lavandula x intermedia*，英文名 Dutch lavender，即"荷兰薰衣草"）的效果是它的四倍。醒目薰衣草是狭叶薰衣草和宽叶薰衣草（*Lavandula latifolia*，英文名 Portuguese lavender，即"葡萄牙薰衣草"）的杂交种，令人困惑的是，它与荷兰并没有明显的联系。即使是在醒目薰衣草物种内部，最好的品种和最差的品种之间也存在两倍以上的差异，"大蓝"（"Gros Bleu"）是最好的，而"老英格兰人"（"Old English"）是最差的。薰衣草能帮助吸引授粉者，虽说这大体上是正确的，但大多数名单都没有具体说明种植哪种薰衣草会更有帮助。

这时候，你可能会感到有点晕头转向，这无可厚非。谁能想到为自己的花园挑选植物会是一件如此复杂的事情呢？很少有人会有时间和热情去仔细研究哪些植物和品种是最好的。为了让生活更轻松一些，我在这本书后面列出了一些经过尝试并通过考验的最受欢迎的植物。这些植物都没有在适当的实验中接受过检测，但是这个名单也有自己的依据，包括米哈伊尔的工作、其他人的反复推荐和我自己的非正式实验，我可以肯定地说，它们在我的花园里都吸引了大量昆虫。

除了参阅名单，另一种方法是在春天或夏天去当地的园艺中心，让昆虫告诉你要买什么。园艺中心的存货主要是盛花期植株，因此在潜在顾客和潜在授粉者看来都很诱人。找寻宁静的一天前往，最好避开周末的人群，静静地站一会儿。当你的目光扫过一排排按字母顺序排列整齐的草本植物，你很可能会看到一些"内幕"：蜂类、蝴蝶和食蚜蝇在它们喜欢的花朵中移动，避开那些毫无用处的花。有了如此广泛的选择，你可以肯定的是，任何被不止一种昆虫造访或者被重复造访的植物都相当好。这比带有蜜蜂形象的标识可靠得多。如果你有钱的话，只需要买下蜂类造访的植株即可；如果你手头不宽裕但是有耐心的话，记下品种的名字，然后买一些种子种在家里，这样，你就可以确保你的植物没有用过杀虫剂。幸运的话，你可以种出很多幼苗，这样你就可以和你的朋友、邻居分享它们了。

真的没有必要过于在意哪些植物最适合你的花园。任何植物都比木板或铺装石好，而且植物的数量和品种越多越好。加入一些能够真正吸引授粉昆虫的植物，或许还可以加入几种本土野花和开花灌木，你的花园将很快迎来吵吵闹闹的昆虫。说服你的邻居也种一些，很快你的社区将成为这些微小但至关重要的生物的避难所。

# 2
# 花园草地

## 制作酥皮榅桲甜点

配料：去皮切碎的榅桲 400 克，去皮切碎的苹果 400 克，蜂蜜 2 汤匙，黄油 100 克，燕麦片 100 克，全麦面粉 100 克，红糖 100 克，肉桂粉

1. 将榅桲放入少量水中煮 5 分钟，令其变软，然后沥干多余水分。

2. 将水果和蜂蜜放在一个又宽又浅的盘子里，根据个人口味撒上肉桂粉。

3. 用手混合黄油、麦片、面粉和糖，揉搓混合物，直到看上去像面包屑。撒在水果上。

4. 将烤箱设置为 160℃，放入烤箱烤 30 分钟，直到表面呈浅棕色，汁液冒泡。

榅桲是一种香气迷人的水果，我不明白它为什么没有被更广泛地种植和使用。这道菜配上蛋奶沙司（custard, 我的最爱）或者香草冰激凌都很棒。

大多数花园的重头戏都是草坪。它当然不是最华丽的部分，但是通常位于花园中间，占用大量空间，用于充分衬托花坛等其他景致。英国人喜爱自己的草坪，我们照料和呵护它们，用割草机把它们收拾得整整齐齐，还用专门制造的半月形工具修剪它们的边缘。我们在上面玩槌球、板球或网球，然后坐在草坪上放松休闲，啜饮金汤力鸡尾酒或飘仙酒（Pimm's）。如果没有草坪，温布尔登网球公开赛、英国的夏天和下午茶将会是什么样子？

说到草坪，"情人眼里出西施"这句话再合适不过了。我父亲喜欢他的草坪，对他而言，草坪必须是整洁、绿色和呈条纹状的。当我还是个孩子的时候，我记得每隔几个月，就会看到他使用一种特殊的电动装置从草坪上剥出成堆的苔藓。我从来不确定他为什么这么不喜欢苔藓，而且这样做似乎是徒劳无功的，因为苔藓总是会卷土重来，但他仍然坚持这么干。他有一台汽油滚刀式割草机，每隔一两周，他就会用它在草坪上来回修剪，画出整齐的直线。如今，84 岁的他有一个小花园，仍然在用我给他过生日买的轻型电动滚刀式割草机亲自修剪草坪。不过现在他付钱给一个承包商，让承包商春天和夏天每个月过来一次，将挑选好的除草剂和化肥撒在他的草坪上。正因为如此，苔藓被消灭了，他的草坪只剩下鲜绿的草。他现在很高兴。

当父亲告诉我关于他的草坪养护承包商的事情时，我很感兴趣并查询了一番。在网上快速搜索一下，我发现了一个以草坪养护为基础的行业，不知为何，我之前竟然没有注意到它的存在。全国范围内有几十家公司可以有偿接管草坪的养护工作，就像对待我父亲的草坪一样。如果你的草坪出现任何形式的褪色或状况不佳，他们都可以进行诊断并分析出解决方法。训练有素的操作人员不仅可以松土，还能提供空心齿曝气（hollow tine aeration，不管那是什么东西）、消灭害虫、追肥、去除地衣、过量撒播等服务，如果你真的把你可怜的草坪搞得无可救药，他们甚至还能提供完整的草坪翻新计划。请放心，他们会迅速而熟练地解决下列严重问题——死草堆积、蛴螬侵扰、红线病（草坪中草的一种真菌病害）、大蚊幼虫（leatherjacket）侵扰、鼹鼠侵扰，或是创造和维护完美草坪时面临的无数其他威胁中的任何一种。正如其中一家公司的网站所说，"让你的草呈现最棒的一面需要时间和精力"。嗯，说得对。

当然，除了清新的温布尔登草坪之外，还有另一种选择，它要便宜得多。你可以选择不出动训练有素的特别任务小队，舍弃所有的化学药品投入、松土和过量撒播，除了偶尔割草之外，其他基本什么都不做。你可以只管看看会发生什么，这是你自己的微型"再野化"①（rewilding）项目。在我们当中的一些人看来，这样做获得的草坪比我父亲非常喜欢的经典条纹草坪漂亮得多，尽管这在很大程度上是一个见仁见智的问题。我认为，这在很大程度上取决于你习惯什么。人类通常不喜欢变化。我们大多是固执己见的人，很快就习惯了世界的样子，并由此得出结论，它应该永远保持这样的状态。我们已经习惯了本地公园每两周割一次草，习惯了我们开车上班时路过的那些环岛被一群手持打草机的市政工人修理成短草皮。所以如果割草和修理停止的话，我们很容易表示反对。在很多人看来，草就应该是短的，任何其他状况都是不整洁的体现，是懒惰或市政资源遭到削减的结果。在美国的很多城市，草坪必须定期修剪。当地法规规定了草坪的高度上限，如果你让自己的草坪超出这个标准，可能会被罚款，这让美国野生动植物爱好者和环保主义者感到非常沮丧。讽刺的是，在这片"自由的土地"上，人们可以合法地购买冲锋枪，却没有让草生长的自由。

024    谢天谢地，我们这里没有这样的法律，但尽管如此，任何提议减少割草频率的地方政府都会遭到投诉，至少一开始会是这样。2015年，彼得伯勒地方议会启动了一项新制度，将城市公园的7个区域设为野花草地，每年只割一次草，而其他一些区域被设为每年只割三次草。他们发现，这让他们每年在劳动力和汽油

---

① "再野化"是一种有趣的自然保护新方法，它尽可能多地依靠自然过程，最大限度地减少人为干预。

方面节省了 2.4 万英镑的资金，但他们收到了大量投诉信件和电子邮件。"真可怕，公园里到处都是长长的草，附近的孩子们怎么在里面玩呢？"当地市民斯特拉说。另一位市民塔里克则补充道："如果他们疏于照管公园，市容市貌怎么会好呢？"园丁们似乎也感受到了遵守规范并维持草坪修剪现状的社会压力。利兹大学的马克·戈达德（Mark Goddard）开展了一项研究，发现大多数园丁认为，如果他们让自己的草坪长得太长，他们的邻居会感到担忧或者提出反对，很多人担心自己会被投诉。令人振奋一些的是，马克的研究还揭示，这些越过花园篱笆的互动也可以是一种有益的力量，邻里之间相互模仿是司空见惯的事情，朋友、亲戚和邻居的个人建议会成为影响人们如何开展园艺实践的最重要因素。很多人感觉，他们的邻居要么羡慕、要么模仿自己的园艺实践，而且这包括他们为野生动物创造栖息地所做的努力。也许只需要稍微推动一下，我们就能让整个社区就如何最好地吸引野生动物交换信息，并争相拥有最丰富的生物多样性，而不必在草的长度上相互攻击。

当然，减少割草频率也有充分的环境原因。割草需要使用能源——汽油或电力，而这需要花钱，并且会导致二氧化碳排放。正如彼得伯勒地方议会发现的那样，减少割草频率还能节省相当大的劳动力成本。对于房屋业主而言，减少割草意味着在泥土飞溅的割草机后面晒着太阳流汗的时间减少了，可以将更多的时间用来喝飘仙酒或者躺在地上看鼠妇。长得越长的草越耐干旱，所以你不需要给它浇水，这又再次节省了一种宝贵的资源。[①]降低割草频率对野生动植物也很有好处。频繁修剪的草坪除了土壤下长相怪异的大蚊幼虫之外（如果你还没有花钱清除它们的话），几乎养活不了什么生命。割草可以阻止开花，所以草坪不会有色彩，也不会有供给昆虫的花蜜或花粉。你可能会想，一片草坪全都是草，哪里来的开花的东西（除了草坪草本身，它们当然会开出不起眼的绿色风媒花）。实际上，除非你的草坪是最近才铺设的，否则很有可能生长着许多正在等待时机的草本植物，它们有朝一日将开出自己的花。肯·汤普森对谢菲尔德花园的研究也包括草坪，在一项针对 52 块草坪的调查中，他们发现了 159 种不同的开花植物，每平方米的物种数量与半自然野花草地上的物种数量大致相当。在定期修剪的草坪上，这些植物紧贴土壤表面，通过横向生长的方式坚持下来，用横走茎和根状茎进行繁殖。停止割草，它们就会真正焕发生机。

我自己的草坪拥有至少 12 年的历史，虽然我怀疑它最初播撒的只有简单的草坪草混合种子，但它现在有雏菊、蒲公英、毛茛、夏枯草（selfheal）、堇菜、婆婆纳（speedwell）、狮齿菊（hawkbits）、红三叶草和白三叶草、连钱草（ground ivy）、千里光（ragwort）、百脉根（bird's-foot trefoil），以及很多苔藓。我

---

① 即使确实遇到了严重的干旱，你的草坪开始看起来有点"萎靡不振"，也不要打开洒水器，浪费宝贵的水。等到下雨之后，草坪会恢复得足够好。太多的人用了太多的水，以致我们的许多河流在夏天由于过度取水而濒临干涸，而其中很大一部分水的取用只是为了让草坪看起来绿油油的。

敢肯定，如果进行一场彻底的搜索，还会发现许多其他物种的存在。如果不使用割草机，那么在大约一周之后，第一批植物就会开始开花，但是全年不同时间的开花物种是不一样的：蒲公英、堇菜和雏菊在早春开花；然后是毛茛和三叶草；再然后是狮齿菊和夏枯草，它们在夏天开花。在整个春季和夏季，都有一连串可爱的白色、黄色和紫色花朵，它们当然会吸引昆虫，包括蜜蜂、熊蜂、壁蜂（mason bee）、黑带食蚜蝇（marmalade hoverfly）等。将这些生物驱逐殆尽似乎非常可惜。我和妻子劳拉在最佳割草频率方面存在分歧：我倾向于让所有的东西连续生长和开花数月之久，但她喜欢更整洁的外观，趁我不在就会把割草机拿出来。不过，在春天和夏天的大部分时候，草坪都是有色彩的，还有蜂类扇动翅膀发出的嗡嗡声。

当然，其实也没有必要对草坪施加化肥或农药。在没有我们帮助的情况下，草也生存了数百万年。在一座健康的花园里，草皮下面的土壤中应该生活着多种多样的昆虫，包括马陆、蜈蚣、蛞蝓、蚯蚓等，更别提无数的微生物了。如果你真的很幸运，你可能还会拥有一些在地面筑巢的蜂类，如漂亮的黄褐地蜂（tawny mining bee）。其中一些生物以草根为食，例如鳃角金龟蛴螬（cockchafer grub）、地老虎（cutworm，生活在土里的蛾类幼虫）和大蚊幼虫，你可能偶尔会看到一小块棕色的草地，那里的草都因此枯萎了。你可以直奔园艺中心买来农药，洒在草坪上杀死它们，也可以叫来专家，但是你真的需要这样做吗？在我看来，对于健康的生态系统而言，几个暂时的棕色小斑块并不是很大的代价。这些土壤昆虫是食物链的重要部分。大蚊幼虫是椋鸟（starling）最喜欢的食物之一，这种鸟类近些年来经历了惊人的衰退，从 20 世纪 70 年代中期算起，它们的数量已经减少了 2/3。如果大蚊幼虫没有被数量越来越少的椋鸟吃掉，它们就会变成大蚊（crane fly，英文俗称 daddy-long-legs），然后跟地老虎发育而成的成年蛾子一起被体形较大的蝙蝠吃掉。成年鳃角金龟是一种威风凛凛的美丽甲虫，栗棕色、白色和黑色相间，还会用华丽的扇形触角闻空气中的味道。我的小儿子赛斯有一只名叫科林的宠物鳃角金龟，我写到这里的时候，这只昆虫正住在他卧室的一个塑料保鲜盒里。为什么要迫害这些生物呢？在我看来这毫无意义。除此之外，你使用的任何农药都会同时杀死目标昆虫和或多或少的其他生物，对土壤的长期健康造成难以估量的损害。农药会消灭捕食性昆虫，例如有助于控制蛴螬等害虫的步甲（ground beetle）和隐翅虫（rove beetle），所以你很可能在将来面临更严重的害虫问题。说到草坪养护，毫无疑问，少即是多。①

我们大多数人都看重拥有一片可以坐着、玩耍或喝酒的草坪

---

① 在生活中的其他许多领域，我也主张做得更少。想要减少能源生产产生的温室气体排放，最佳解决方案是使用更少的能源。想要解决道路过度拥挤和交通堵塞，最佳解决方案是说服人们少开车。想要为不断增长的人口提供足够的粮食，最有效的方式是鼓励人们少浪费食物，总体而言少吃，特别是少吃肉。遗憾的是，人们很难通过做得更少赚钱，而政治决策的推动力是让人们致富，因此，这些问题的解决方案往往集中在建设风电场或者核电站（在这里可以赚很多钱），修建新的道路、额外的车道和支路（可以获得利润丰厚的合同），以及进行越来越集约化的农业（需要更昂贵的杀虫剂、肥料和重型机械）。

区域，但如果你有空间的话，你也可以试着留出一片草地，在这片草地上，你可以进一步践行减少割草的概念，模仿传统的牧草草地管理方式，每年只割一次草（或者两次）。我并不太担心劳拉偶尔会过于热心地修剪草坪这件事，因为我们的花园大部分是草地和果园，所以当她割掉草坪上的三叶草时，蜂类只需要移动几米就可以在草地上找到替代花朵。正如《草地上的嗡嗡声：一位昆虫学家的自然笔记》(A Buzz in the Meadow) 所述，我以前在法国中部创造过一片规模大得多的野花草地，但是草地没理由非得是大的。草地曾经覆盖着英国的大部分低地，人们估计，在20世纪30年代草地面积有700万英亩，但今天只剩下大约2%，其余的草地都在20世纪的农业工业化浪潮中被席卷一空。野花丰富的栖息地的巨大损失是从欧洲大黄蜂（great yellow bumblebee）到长脚秧鸡（corncrake）等多种生物衰落的主要推动力之一，但现在人们对恢复和重建这些草地非常感兴趣，而我们可以通过在自家花园创造迷你草地尽一份力。

如果你只能挤出1平方米的土地，那它也是个良好的开始。你可以使用各种方法来创造它，但最简单的办法是停止割草，看看会发生什么（除了夏末的一次修剪，记得清除割下来的草屑）。植被会迅速向上生长，随着任何现存草本植物在夏天开花结籽，它们很快就会变得非常醒目。如果你偶尔修剪草地的周围区域，它看起来其实会相当整洁，短草和长草之间的对比让这个区域看起来像是有人管理的，而不是被遗弃的。我通过在草地里修剪出一些蜿蜒的小径获得了同样的效果。这让人觉得在花园里散步就像是一次小小的探险，因为到初夏时，小径两边的草已经齐腰高了。

如果你发现自己新创造的草地上野花稀少或者干脆没有，那么你有以下几个选项可供选择。你可以从苗圃买些野花植物，欧洲山萝卜（field scabious）、矢车菊（knapweed）和滨菊（ox-eye daisy）都是很好的选择，将它们种下去，然后动手将它们周围的草地清理干净，持续约一年时间，直到它们站稳脚跟。便宜得多的另一种做法是，你可以在育种托盘中用种子栽培草地植物，幼苗长大后移栽到花盆里生长，最后再进行地栽。你还可以在春天或初秋翻耕目标区域，然后播撒野花草地混合种子（有很多供应商提供，本书末尾列出了其中的一些）。苏格兰中部的斯特林（Stirling）有一小群非常棒的志愿者，他们的周末就是这样度过的。他们曾在当地电台听到我谈论一些熊蜂正处于"灭绝的边缘"，于是他们决定叫自己"边缘战士"（On the Verge），说实话我很荣幸。他们会找到任何拥有或管理任何种类的"市容美化草地"（例如无聊的、修剪得很矮的草坪）的人，并说服这些人允许他们播种野花种子。据最新统计，斯特林周边散布着52块野花草地，分别位于路边、环岛、公园、小学校园和橄榄球俱乐部用地。我有一名热情的学生叫洛娜·布莱克莫尔（Lorna Blackmore），她调查了这些地块，发现其中的野花吸引的食蚜蝇数量是附近未经改造的修剪草坪的15倍，蜂类的数量则是50倍。

从布莱顿到利物浦再到纽卡斯尔，其他地方也有类似的本地举措，但是如果我们在所有地方都做这件事，那不是很棒吗？也许，每个负责公园和道路维护的人所接受的标准化培训应该包括对创造野花生境的重视。我们可能无法恢复我们失去的 700 万英亩野花草地，但是我们可以沿着道路边缘、穿过城市公园，建立一个草地地块网络。我敢肯定，塔里克和斯特拉最终会习惯的，也许有一天会学着喜欢上它。

有争议的是，"边缘战士"使用的混合种子包括传统的野花草地多年生植物和一些一年生耕地杂草，例如野罂粟和矢车菊。我也参与过使用部分耕地杂草的草地创造项目，其中一个项目占据了皇家鸟类保护协会旗下苏格兰轮叶农场（Vane Farm）保护区中一块 8 英亩的田野。对于这个项目，除了野罂粟和矢车菊，我们还彻底打破限制，扔进去一些二年生的蓝蓟。你可能觉得这听起来没什么争议点，但是环保主义者有自己的坚持并追求细节的完美。野罂粟不是草地上的花，因此对于纯粹主义者而言，将草地和耕地结合起来是无礼的。如果你在想野罂粟为什么不是草地野花，这与它们的繁殖策略有关。在成熟的草地上，植物的生活竞争激烈，每一种植物都在和邻居争夺光照、空间和水分。几乎没有几块裸露的土地可以让幼苗在上面发育成熟，因此，像野罂粟这样的一年生植物（每年都会死亡，依靠由种子长成的下一代延续物种）往往稀少或不存在。野罂粟是一种耕地杂草，而耕地杂草往往是一年生或二年生的，生长迅速，竭尽全力地产生花和种子并在这个过程中死亡。这在人类影响较强的区域效果很好，因为那里有大量裸露的土地，所以这些杂草植物过去常常在耕地上旺盛地生长，与作物混合在一起。遗憾的是，现代种子清洁方法和选择性除草剂让农民能够将它们大部分根除，许多耕地杂草的数量已经减少。我在这里想说的是，耕地杂草和草地野花通常不会混合在一起，所以将它们在一起播种不"自然"（且不管这是在说什么）。这显然激怒了一些环保主义者，让他们有心情写下一些措辞尖锐的投诉信。轮叶农场的草地项目被一位当地人士描述为"令人憎恶的东西"。

在我看来，这实在是有点蠢。野罂粟和矢车菊在第一年带来了美妙而鲜艳的色彩，此时草地多年生植物（寿命超过两年的植物）正在忙着站稳脚跟，几乎不会开花。蜂类当然很喜欢这种组合，无论它是否令人憎恶。草皮的迅速闭合，致使一年生杂草的种子并未发芽，于是到了第二年，耕地杂草往往已经消失，被二年生的蓝蓟和开始开花的多年生植物取代。到第三年时，只剩下正宗的多年生草地植物。没有造成任何伤害，对我而言，一切自始至终看起来都很完美。

有趣的是，如果以这种方式建立的野花草地被再次翻耕，那么哪怕这发生在 50 年之后，野罂粟也会卷土重来。它们的种子寿命极长，而且就像修剪整齐的草坪上的开花植物一样，它们会用几十年的时间等待机会。在我们开始耕种这片土地之前，耕地杂草需要漫长的休眠，因为据推测，毫无规则且不可预测的自然扰动事件为它们提供了裸露的土地，也许是野猪用鼻子翻寻，也许是曾在欧洲漫步的古菱齿象掀起沙子进行沙浴。索尔兹伯里平原是西欧最大的鲜花盛开的草原，举行过很多次军事演习。在那里，野罂粟和蓝蓟伴随典型的草地野花一起茁壮成长，它们利用了军事演习期间被坦克碾压过土壤的区域。

虽然我认为将来自不同自然生境的野花种子混合起来并没有任何坏处，但如果项目的目标是试图恢复我们失去的一些野花草地，那么我的确会明确避免使用非本土植物。然而，使用非本土植物是常见的做法，一些所谓的"野花"混合种子的供应商会往里面添加北美、地中海和亚洲植物：丝石竹（*Gypsophila*）、花菱草（Californian poppy）、紫菀、菊花、蜀葵、波斯菊、月见草（evening primrose）等。这些混合草花常常顶着"图画草地"（pictorial meadow）这个古怪的称谓，毫无疑问它们是色彩缤纷的（有人可能会说它们俗艳、花哨）。图画草地由谢菲尔德大学的生态学家奈杰尔·邓尼特（Nigel Dunnett）发明，事实证明它们非常受欢迎。它们被广泛地种植在英国各地，包括在东伦敦修建的 2012 年奥林匹克运动场的周围，在那里，广阔的图画草地得到了数百万人的赞美。类似的混合草花在法国乡村道路的环岛上十分常见，在我工作的萨塞克斯大学校园的中心甚至也有一大片。校园里的这片草地前面插着一块古朴的木牌，宣称它是一片"野花草地"。这让我感到困扰，因为显而易见的是，大部分从这里路过的人都会觉得这些是本土花卉。严格地说，我猜它们的确是野花——但不是英国野花。即便是观赏花卉种子的一些主要供应商似乎也搞不清他们所说的"野花"到底是什么。这个词肯定指的是本土花卉吧？但是，快速搜索一下久负盛名的种子商汤普森与摩根园艺邮购公司（Thompson & Morgan）的在线产品目录，你就会发现他们的很多"野花"混合种子中各种本土和非本土物种混在一起。

也许我表现得有些虚伪。可以看出我前后不一致的地方：为什么我可以高兴地在自己的花园里种植各种异域植物，但是在谈到草地上应该种什么的时候，却变得如此守旧呢？这是因为在我看来，野花草地意味着某种特定的东西，它是一块花卉丰富的本土草原，是在 20 世纪损失了绝大部分的一种宝贵生境。它是一种栖息地，养活着从白缘眼灰蝶（Adonis blue butterfly）到云雀再到疣谷盾螽（wart-biter cricket）等无数本土物种，而它是无法被外国植物的杂乱组合取代的。在花园环境中，我看不出使用这些混合草花有什么坏处，但我也看不出有什么必要性。我们很幸运，拥有非常美丽和多样化的本土植被，所以对于各种土壤类型和条件，都可以使用只含本土物种且效果出色的混合种子。如果你的目标是在自己的花园里建立一个野生草地区域，或者试图在公园或环岛创造这样一个区域，你为什么要掺杂进去一堆外国植物物种呢？

假设我已经说服你尝试只使用本土物种创造自己的迷你草地。在最初的两年，你可能会遇到杂草生长繁茂的问题，因为大多数花园土壤都相当肥沃。酸模和荨麻常常冒出来，遮住那些你一直在盼望的更漂亮的植物。需要强调的是，酸模和荨麻并没有问题，两者都可以养活许多有趣的野生生物，荨麻是许多蝴蝶偏爱的食料植物，例如孔雀蛱蝶（peacock butterfly）和荨麻蛱蝶（small tortoiseshell butterfly）。然而，这两种植物并不是特别漂亮，不适合用来创造富含花卉的草地区域。在我的花园草地里，酸模和荨麻都是问题，此外还有一些粗糙的禾草，例如鸭茅（cocksfoot）、绒毛草（Yorkshire fog）和燕麦草（false oat grass）。这些禾草在草地上也是不受欢迎的物种，因为它们长得过高过快，会形成较大的草丛，扼杀包括许多花卉在内的更纤弱的植物。公认的明智做法是，在最初的一两年，最好每年重度修剪两三次草地并清除剪下的植被，以抑制这些更健壮的植物的长势。在我的花园里，我一直对多个小地块采用这种做法，以观测情况如何，并且在不同的时间修剪不同的区域，创造出不同高度和不同年份的地块，就像马赛克拼图一样。从我现在拥有的跳来跳去的蚱蜢和蟋蟀的数量来判断，我做的是正确的事情，尽管这场战斗还远未胜利。

我还开始尝试种植小鼻花（yellow rattle），这是一种寄生在粗糙禾草上的植物，人们发现它是帮助草地恢复的良好工具。它是一年生植物，这对草地植物来说很不寻常，但真正不寻常的是，它萌发出的幼苗为自己争取空间的方式是摸索到附近禾草的根系，然后从中吸收营养。禾草会变得枯萎、矮小，为小鼻花留出生长空间，更为关键的是也为其他野花的生长发育留下空间。我在荷兰见过一个美妙的花园，那里原本是一片无趣的修剪草坪，五年之内它变成了华丽的野花草地，鲜花开得到处都是，而唯一的措施就是使用了小鼻花。我被告知，秘诀是在夏末将植被剪得很短，大量播撒小鼻花种子（每平方米至少1克），然后在上面踩踏，确保种子和土壤紧密接触。用一群绵羊踩踏它们据说效果更好，但这对我们大多数人来说不切实际。

即使你的草地已经建好了，它也总是需要每年修剪一次。说起来仿佛是一种蓄意破坏，但这次修剪真的需要在植物生长活跃、充满养分的时候进行。按照传统，农民会在6月底或7月从他们的草地上收割草料，此时的草料富含对他们的牲畜有好处的营养物质。这种简单的管理就是几千年来在牧草草地上发生的事情，也是它们拥有如此丰富的花朵的原因。你可能不想要割下来的草料，但是一定要将它们清除，否则它们会形成腐烂的草堆，杀死下面脆弱的植物，并将不必要的肥力还给土壤。当然，这些剪下来的草可以堆肥，或者覆盖在菜圃或花圃中用来护根。割掉花朵可能令人痛苦，但是如果你不这么做，那些凶狠的植物会卷土重来，正如莎士比亚所描述的那样：

那平坦的牧场，当初是多么美好，

点缀着野报春、地榆和绿油油的三叶草，

就因为缺少镰刀的管教，变得异常繁茂，

懒惰的孕育下，什么东西也长不好，

最后只剩下可恨的酸模，粗糙的蓟、毒芹、苍耳，

把美观和实用一齐丢掉。

《亨利五世》（Henry V），第 5 幕，第 2 场

我们不得不同意，经常修剪的绿色条纹草坪仍然有一席之地。安迪·穆雷（Andy Murray）和罗杰·费德勒（Roger Federer）跳过膝盖高的草地野花挥出下一拍，这样的场面在短时间内可能很有趣，但是几乎可以肯定的是，这不会得到草坪网球协会的准许。然而，为了地球和我们的血压着想，我们要尽可能放松对草地的控制。尽可能不频繁地修剪草坪，避免用化学药剂侵袭它们，留出一些区域让它们变成草地，并接纳鳃角金龟。科林，祝你长寿，愿你子孙兴旺，繁衍生息。

# 3
## 我的果园里的蠼螋

**制作苹果酒**

配料：苹果，酵母（可选）

1. 碾碎苹果（任何类型的都可以，包括被风吹落的果实。每个品种酿造出的苹果酒都有不一样的特色和味道）。

2. 榨出果汁（如果自己没有榨汁机的话，这有点难，不过我知道一家本地农场商店提供苹果轧碎和榨汁服务，每榨出 1 加仑苹果汁收费 1 英镑）。

3. 在苹果汁中加入苹果酒酵母，搅拌。

4. 盖紧盖子，但要允许酵母菌产生的二氧化碳逸出。

5. 大约 3 个月后，用虹吸管将苹果酒吸进瓶子里。

6. 享受你的闲暇时光。

我喜欢自制苹果酒。这一过程十分简单，只需要苹果和酵母作为配料。几乎没有什么乐趣可以与在春日午后的阳光下坐在花园里听着鸟儿歌唱，喝着去年秋天自制的冰镇苹果酒相提并论。

蠼螋的影响力不大。没有蠼螋保护信托基金，也不太可能会有，除非它们得到彻底的形象重塑，而这正是我在这里将要尝试的。首先，让我们审视一下大众对不起眼的蠼螋的看法。它们是细长、棕色、能够迅速逃窜的昆虫，尾部有一只醒目而且看起来很凶猛的钳子，如果你蠢到试图去捡起一只蠼螋，它会把钳子举起来，气势汹汹地戳你。它们通常躲在潮湿的老房子和花园棚屋的角落和缝隙里，在最意想不到的时候突然蹦出来，四处逃窜，肯定会让那些不喜欢昆虫的人（遗憾的是，这几乎是所有人）吓一跳。如果你自己种植水果和蔬菜，你常常会发现它们挤在莴苣或韭葱的叶片之间，或者藏在一串串黑醋栗和葡萄里，而且我发现没有什么比一只从沙拉碗里跑出来的蠼螋更能让晚宴上的客人感到不安（不过当然，他们应该对此感到高兴，因为这个活生生的证据说明你没有往他们的食物上喷洒农药）。蠼螋可能成为农作物害虫，它不仅会在春天破坏花朵，还会啃食草莓等软皮水果。几十年来，人们通常都会在果园里喷洒专门消灭蠼螋的杀虫剂。

仿佛所有这些还不足以确保这一小动物遭到绝大多数人反感似的，有一种古老的迷信的说法是，蠼螋喜欢在我们睡觉时偷偷钻进我们的耳朵，或许这是它们的名字（earwig）的来源。我想，它们可能偶尔还会藏身于老式假发（wig）中，不过人们认为"wig"这部分来自"扭动"（wiggle）一词的古老形式。在学校操场上隐秘传播的可怕故事讲述了那些不幸的灵魂是怎么被深藏在耳朵里的蠼螋逼疯的——它们在里面不停地扭动和挠痒。在更详尽的版本中，蠼螋在耳朵里产卵并抚育后代，甚至挖进脑子里吃"零食"。出于所有这些原因，蠼螋几乎遭到所有人的厌恶甚至恐惧。如此一来，难怪蠼螋保护信托基金到现在也没有成立。[①]

当然，现实情况有所不同。首先，让我们明确一点，蠼螋不会爬进我们的耳朵里繁殖，也不会吃我们的大脑。目前还没有任何此类行为的记录，但是万一发生了这种极为罕见的事，我敢肯定蠼螋一定是意外钻进耳朵里的。[②] 更重要的是，这些看似凶猛的钳子实际上相当弱（鉴于这种昆虫的微小尺寸，这并不令人意外），完全不会对人类造成伤害。不过如果你让一只蠼螋夹自己的话，你会有轻微的被挤压感。蠼螋用钳子抵御捕食者，比如步

---

① 遗憾的是，就算蠼螋保护信托基金今后成立，对于圣赫勒拿岛的圣赫勒拿蠼螋（giant earwig）而言也已经太晚了，它曾是全世界最大的一种蠼螋，身长略大于 8 厘米，拥有一只真正巨大的钳子，占据其体长的大约 1/3。在这座偏远的大西洋岛屿上，它在筑巢海鸟栖息地之间挖掘深洞并生活在里面，而雌性蠼螋据说是尽职尽责的母亲。不幸的是，大部分海鸟都被入侵性啮齿动物扫荡一空，这些蠼螋可能也被它们吃掉了。最后一次有人目击这种巨大昆虫的活体发生在 1967 年，也就是我撰写这本书的 50 年前。安息吧，圣赫勒拿蠼螋。

② 如果你害怕昆虫钻进你的耳朵，你最好还是担心蟑螂会这么干，它们似乎更喜欢占据人类的耳朵。据梅·贝伦鲍姆（May Berenbaum）的杰作《蠼螋的尾巴》（*The Earwig's Tail*）记载，有个特别不幸的人因为两只耳朵各有一只蟑螂住进了一家美国医院。

甲，在求偶过程中也大量使用它，雄性蠼螋会用钳子轻拍和抚摸雌性蠼螋的腹部。[1] 雌性蠼螋常常转过身来，引诱般地轻咬雄性蠼螋的钳子，如果一切都合她的意，她最终会选择交配，整个过程会持续数小时之久。有趣的是，许多蠼螋物种的雄性有两个阴茎，但它们在每次交配时只使用一个。也许雄性对使用哪个阴茎的思考延长了求偶和交配的持续时间。

所以，蠼螋对我们人类不构成直接威胁。（鉴于我们的体重大约是它们的 75 万倍，难道我们不应该为自己曾相信这种可能性而感到有点羞愧吗？）但它们仍然是害虫，对吧？在互联网上快速搜索一下就能证实这一点，因为有几十篇关于如何"控制"（杀死）蠼螋的文章。在当地的园艺中心，杀虫剂瓶子上的图片中常常有一只蠼螋和其他你希望处理的害虫一起出现，包括可怕的和威胁生命的生物，例如蚂蚁、蜘蛛和苍蝇。你还可以用粘板或者专门生产的毒饵杀死蠼螋。因此，你大概会非常惊讶地发现，最新的证据表明蠼螋是非常有益且有用的昆虫，是重要的生物防治因子：它们会大量捕食货真价实的害虫，特别是蚜虫。蠼螋是杂食动物，但是只要有机会，它们更喜欢捕食动物，而蚜虫对它们而言是完美的零食，一口就能吃掉。对果园中的苹果树开展的蠼螋驱逐实验（在树干上涂一圈有黏性

---

[1] 雄性蠼螋拥有优美的弧形钳子，而雌性蠼螋的钳子是直的。一些可怕的实验表明，从雄性蠼螋身上摘除钳子会让它们完全无法说服雌性蠼螋和它们交配。可怜的蠼螋。

的"绊足"胶，阻止蠼螋爬上去）发现，这会导致棉蚜数量增加到有蠼螋的对照苹果树上的 3 倍多。据估计，蠼螋每年在苹果园里吃掉的蚜虫相当于喷洒三轮杀虫剂能够杀死的蚜虫的数量。它们还贪婪地捕食苹果园里的几乎所有其他害虫，包括苹果蠹蛾（codling moth）、卷叶蛾（leaf roller）、介壳虫和木虱（psyllid）。考虑到每喷洒一轮杀虫剂的成本大概是每公顷 60 英镑，而英国有 1.45 万公顷的商业苹果园，于是不起眼的蠼螋拥有每年约 260 万英镑的潜在经济价值。这还只是就苹果而言，想必在许多其他作物的种植过程中，蠼螋也会帮忙消灭蚜虫，例如梨、樱桃和欧洲李等水果和蔬菜作物，尽管这方面的研究少得多。我们当然应该将蠼螋看作花园里的朋友，就像我们看待瓢虫和草蛉一样。如果我们的蠼螋偶尔厚着脸皮啃了一朵苹果花或者在草莓上咬出一个洞，我们应该把这些事当作为它们做的所有好事支付的一小笔报酬。

不幸的是，许多商业果园没有任何蠼螋。蠼螋是无处不在的昆虫，本来应在果园里自然、大量地出现，但是使用杀虫剂很容易清除它们。通常情况下，有益捕食者的繁殖速度比它们赖以生存的害虫慢。特别是蚜虫，它们的繁殖速度惊人，会直接产下活体幼虫，而这些幼虫在出生时体内就有正在发育的后代。另外，蠼螋一年只繁殖一代，每只雌虫只能产下 50 只左右的后代。秋季交配后，雌性蠼螋在冬末将自己奶油色的椭圆形卵产在从地上挖出来的洞里，温柔地照顾它们，站在它们上面，保护它们不受捕食者的侵扰。雌性螳螂定期检查这些卵，用前肢轻轻地将它们捡起来并灵巧地旋转它们，同时轻咬它们，清除任何污垢或真菌的痕迹，确保它们完全干净。当它们孵化出来时，雌性螳螂会照顾自己的幼崽，就像母鸭带着雏鸭一样，这些幼崽名为"若虫"，是雌性螳螂自己幼小且灰色的版本。只有当它们再次蜕皮时，雌性螳螂才会将它们赶出家门，认为它们现在足够大了，可以独立生活（偶尔还会吃掉一只拒绝领会雌性螳螂意图的幼虫——要是人类能发出这样的威胁该多好）。从此以后，它们就必须自己照顾自己了，夜晚觅食，白天则躲到任何它们能够找到的缝隙里。它们必须在春天和夏天存活下来，然后在秋天交配。如果它们生活在商业果园里，那么它们的生存概率就不容乐观，因为果园在整个生长季都会按照惯例喷洒大量农药。这是一个恶性循环，农药杀死了螳螂和大多数害虫，但是害虫数量很快就会恢复，不久之后，害虫问题就会比还没有喷洒农药时更严重（这种现象有个技术名词，叫作"害虫再猖獗"）。此外，因为没有了天敌，此前不足以造成问题的其他"次生"害虫开始如雨后春笋般大量出现。例如，苹果全爪螨（fruit tree red spider）在不喷洒农药的有机果园里很难成为害虫，但是如果它的天敌被杀虫剂消灭，它的数量就会呈爆炸式增长。随着原始害虫再猖獗和次生害虫爆发，农民不得不再次喷洒农药，接下来还会有下一次和下下次，以清除残余的螳螂、草蛉、食蚜蝇和甲虫等，这些昆虫本来可以帮助农民对付害虫，但农民现在却将自己困在了难以逃脱的循环中。因为蠼螋的繁殖速度缓慢，即使农民停止喷洒农药，捕食者的数量也需要数年才能恢复。此外，尽管蠼螋的背上有一对完全可以用的翅膀，[①]但蠼螋几乎从来不飞，所以如果不给它们一些帮助，在已经被清除干净的地区，蠼螋将恢复得非常缓慢。

很难找到关于商业苹果种植通常使用多少杀虫剂喷雾的数据——我怀疑这是因为种植者不愿意让这些数据为人所知，他们会为此感到尴尬。通过四处打探，我找到了英国环境、食品及农村事务部（Department for Environment, Food and Rural Affairs，DEFRA）在 2004 年收集的数据，这些数据反映了种植"考克斯"苹果（Cox，一个在英国很受欢迎的苹果品种）的英国果园的农药使用情况。每个果园在这一年平均喷洒 13 次杀真菌剂、5 次植物生长调节剂[②]、5 次杀虫剂、2 次除草剂和 1 次尿素肥料。这其中有很多次使用了不同农药的混合物，因为一共使用了 42 种不同的化学品。使用的主要杀虫剂是氯吡硫磷（chlorpyrifos），这是一种有机磷酸酯（organophosphates），纳粹研发的杀人神经毒剂同属此类化合物。即便是极为微小的剂

---

① 蠼螋是革翅目（*Dermaptera*）昆虫的俗称，这个拉丁学名的字面意思是"皮肤翅膀"。和甲虫一样，蠼螋的前翅已经进化成了硬壳，保护折叠在下面的柔软膜状后翅。飞行被认为是帮助昆虫成为陆地生命霸主的关键进化创新之一，但是蠼螋似乎没有意识到这一点，顽固地拒绝使用自己的翅膀。尽管我的花园里有很多蠼螋，但我从来没见过任何一只展翅飞行。那些亲眼看见的人说，蠼螋不太擅长飞行，大概是疏于练习的原因。
② 模拟植物激素的化学药剂，用于疏果和加速成熟。

量，有机磷酸酯也会不可逆转地损伤神经，损害胎儿和幼儿的大脑发育，据估计，目前全球每年约有 300 万人因有机磷酸酯中毒出现急性中毒症状。[①] 在其他杀虫剂中，最常用的是一种新烟碱（neonicotinoid），此类化学物质对蜂类非常有害。相比之下，根据 DEFRA 的调查，只有 0.1% 的英国非有机苹果园正在采取措施，尝试使用生物防治因子如蠼螋或瓢虫取代化学药剂。044超市货架上那些闪闪发亮的玫瑰色苹果是环境破坏的结果。我们都很熟悉"一天一苹果，医生远离我"这句谚语，但是如果你真的想维护自身和环境的健康，你或许应该考虑在有机产品区购买那些看上去不那么有光泽而且更贵的苹果，当然更好的选择是自己种苹果吃。

正是因为我对苹果酒（而不是对蠼螋）的喜爱，才让我发现了种植苹果的乐趣，现在苹果已经成了让我痴迷的东西。你可能会想，到底有什么值得如此兴奋。苹果树也许是最常见和人们最熟悉的花园树木，很多人都有一棵苹果树，甚至懒得去摘果子，就让它们落下烂在草坪上［这倒不是一件坏事：乌鸫（blackbird）和一大批昆虫会喜欢的，它们在整个秋天大吃特吃，一直吃到初冬］。我永远也想不明白的是，这些人会跑到当地超市购买装在塑料袋里的苹果，即使成熟的果实就挂在他

---

① 绿色和平组织（Greenpeace）2015 年开展了一项研究，调查在欧洲超市出售的 109 个常规种植的苹果，发现 83% 的苹果含有一种或多种杀虫剂（你可能会惊讶这个比例没有更高）。14% 的苹果含有有机磷酸酯类神经毒剂氯吡硫磷。另外有 17 个有机苹果也接受了检测，没有一个含有杀虫剂。

们花园里的树上。

　　虽然苹果可能看起来很平凡，但我们和苹果的联系可以追溯到古典时代，它们经常出现在旧世界的神话和传说中，而且在很多故事里，苹果都能赋予人类健康甚至永生。北欧神话中的雷神索尔据说通过定期食用阿斯加德的花园里结出的金苹果获得永生，但遗憾的是，最近的任何一部好莱坞电影都没有提到这一点。赫拉克勒斯的任务之一是从赫斯帕里得斯花园偷走魔法金苹果，那里有一条百头巨龙守卫着它。希腊女神厄里斯将一只金苹果"赠予最美丽的女神"，却没有明说赠予谁，由此引发的一场嫉妒之争成了特洛伊战争的导火索。苹果有时也与罪恶联系在一起，也许仅仅是因为拉丁语单词"*malus*"同时有邪恶和苹果两个意思，这可能导致了大量的混乱。《旧约》实际上并没有说亚当和夏娃吃的禁果就是苹果，但是描绘这一场景的几乎每一幅画用的都是苹果（有少数几幅画使用了石榴）。

　　先把传说放在一边，苹果似乎起源于哈萨克斯坦和中国交界处的天山山脉，那里的野生苹果林无须杀虫剂，至今仍在生长，种子由熊帮助传播。可以将苹果树上那熟悉的果实看作一套种子传播机制，其意在引诱饥饿的熊或其他大型哺乳动物将它完整吃下，并寄希望于一些苹果籽完好无损地离开动物体内，分散到远离母树的地方，而且还伴随着一小块健康的肥料帮助它们生长。有些动物会像我们人类通常所做的那样将不食用的果核丢弃，它们这样做可能是为了避免吃到苹果籽，因为其中含有少量有毒的苦杏仁苷。[①]众所周知，熊喜欢吃甜食（维尼和帕丁顿都可以作证），所以很可能是熊对味道最甜的水果的选择，使我们今天所钟爱的苹果的祖先幸存了下来。

直到相对较近的年代，俄罗斯科学家尼古拉·瓦维洛夫（Nikolai Vavilov，1887~1943）才发现苹果起源于哈萨克斯坦。哈萨克斯坦的苹果林当时还不为外界所知，首次描述它们的就是瓦维洛夫。这些野生苹果树被瓦维洛夫统统以拉丁学名 *Malus sieversii*（新疆野苹果）归入同一个物种，他指出，它们的果实在大小、形状、颜色和甜度方面差异很大，但其中一些的外观与驯化苹果（*Malus domestica*）非常相似。在瓦维洛夫之前，人们一直认为驯化苹果的祖先是野生的森林苹果（*Malus sylvestris*，英文名 crab apple），后者的果实比驯化苹果小得多，味道也更酸。瓦维洛夫自然而然地做出假设，认为新疆野苹果才是更有可能的祖先。阿拉木图（Almaty）是哈萨克斯坦最大的城市，它过去的名字是 Alma-Ata，在哈萨克语中的意思是"苹果之父"，这显然给了瓦维洛夫一条巨大的线索。瓦维洛夫是一位遗传学家兼植物育种家，他周游世界各地，寻找农作物的野生祖先，收集种子并希望能够用这些种子培育更好的作物品种。但不幸的是，瓦维洛

---

① 苦杏仁苷一旦被吸收就会释放氰化氢，但是几粒苹果籽中的量对我们来说不会造成任何伤害。曾经有一例相关死亡事件的报道，有个人令人难以理解地吃了满满一杯苹果籽。

夫后来因事锒铛入狱，最终死在了监狱里。50年后，现代基因技术表明他对苹果的判断就像威廉·退尔[①]（William Tell）一样精准：我们的驯化品种主要是新疆野苹果的后代。

据我们所知，哈萨克斯坦这些苹果的首次驯化是在4500年前或者更早时期，它们被笼罩在史前的迷雾中。随着贯穿哈萨克斯坦的贸易路线的发展，苹果、种子或接穗向东和向西肯定都有运送，而且有证据表明，4000年前的高加索地区和中东就已经开始栽培苹果了。据报道，亚历山大大帝在公元前328年发现了在哈萨克斯坦种植的矮化苹果品种（在今天很受欢迎，因为果实易于采摘）。苹果迅速成为亚洲和欧洲许多较寒冷地区的主要食物之一，因为苹果在寒冷的条件下可以储存数月之久。一些品种可以一直保存到春天，为人们提供宝贵的碳水化合物和维生素，在历史上，食物供应在一年当中的这个时候总是缺乏的。

遗传学研究表明，在古希腊和古罗马时代，哈萨克斯坦的新疆野苹果和欧洲的森林苹果之间存在某种程度上的杂交，也许这有助于创造今天所知的近7500个苹果品种。然而，你尝过多少个品种呢？大多数超市只有5~6个品种，同样的品种在所有地方都能看到：金冠（Golden Delicious）、澳洲青苹（Granny Smith）、富士（Fuji）、嘎啦（Gala）、粉红佳人（Pink Lady）等。这些现

---

[①] 瑞士民间传说中的英雄，因在被迫之下射中儿子头顶上的苹果而闻名。——译者注

代苹果往往汁多味甜，口感脆爽，这些特点都很好，但是它们在我看来都相当类似。

在超市货架上占据主导地位的现代品种是在农药时代研发出来的，通常对真菌和害虫没有什么抵抗力。像"粉红佳人"这样的品种在不使用大量化学品的情况下很难种植，一旦某位农民投资种植它们，他就会被套牢很多年，因为挖掉和更换这些果树的成本很昂贵，而且新的果树需要数年才能发育成熟，结出果实。相比之下，较老的品种往往更善于照顾自己，它们必须这样做，因为它们是在没有任何化学药剂帮助的情况下种植的。它们也是丰富多样的，每个品种都有自己的历史、独特的风味、香气、颜色、质感，以及储存和烹饪特性。我认为非常遗憾的是，很少有人品尝过十几种以上的老品种，而很多老品种的味道比超市提供的任何苹果都好得多。幸运的是，许多老品种仍然存在，而且有专门的苗圃供应它们，冬季可以邮寄裸根一年或两年苗，全年任何时候都可提供盆栽幼苗，只是价格要高一些。如果你的花园有足够的空间，你可以从数百种苹果中进行选择，唯一的问题是决定种植哪些品种。

2013 年，我和家人搬到了东萨塞克斯郡。我们幸运地买到了一座带大花园的老村舍，花园里有两棵扭曲多瘤的"布拉姆利"（Bramley）苹果树，它们是已经完全长成的树，可能有 5 米高，树干上覆盖着地衣，每到秋天就被沉重的果实压弯了腰。此外还有一棵健康状况不佳的"发现"（Discovery）苹果树，它结的红苹果上点缀着疮痂。花园的其余部分主要是草坪，还有少数灌木。我决定用老品种种植一个果园。我想要已完全长成的苹果树，而不是如今商业种植的那种嫁接在生长缓慢的树根上的矮化品种。传统果园使用的是长成的果树，但是它们结的苹果必须踩着梯子手工采摘，这对于现代世界而言过于消耗劳动力，因此当代商业果园通常种植着一排排整齐的粗壮矮树（亚历山大大帝在2000多年前发现的品种），因为它们更容易采摘。

我估计自己拥有种植大约40棵不同苹果树的空间，可以每一棵都用不同的品种，于是我花了几周的时间仔细研究网站和苗圃的产品目录，以决定种植哪些品种。我很快就得出结论，我的两英亩地远远不够，尽管目前只能这样。我可以将这本书的剩余篇幅全部用来谈论我确实买了的品种，以及我希望自己种植的品种，但是我觉得自己应该意识到，并不是所有人都像我一样对苹果感兴趣。然而，我忍不住要向你们讲述一些我绝对喜欢的品种。让我们从最古老的开始吧。1613年，"短柄扁平"（Court Pendu Plat）苹果已在法国种植，但是如今人们普遍认为它是古罗马人带到法国去的。苹果品种的栽培方式是嫁接——从一棵树上剪下一根小树枝然后将其连接在年幼的砧木上，因为用苹果籽繁殖出的幼苗无法完全遗传母株的基因。因此，我花园里的那棵苹果树和400年前在法国种植的品种完全相同，它结出的苹果也许和尤利乌斯·恺撒（Julius Caesar）及其军团远征欧洲各地时吃的苹果是一样的。我觉得这很令人吃惊。[1] "短柄扁平"的果实略呈扁平状，果皮有红橙相间的条纹，滋味浓郁，质感相当奇特，有点成熟切达奶酪的颗粒感。一些权威人士坚持认为，用刀子切块吃它比直接啃味道更好，但是我无论如何也尝不出有什么不同之处。

"达西香料"（D'Arcy Spice）是一种脆而芳香的苹果，有种独特的肉豆蔻味道，有人声称这种味道让他们想起百果肉馅饼。1785 年左右，科尔切斯特（Colchester）附近的托尔斯汉特达西（Tolleshunt d'Arcy）出现了关于它们的首批记录。按照传统，人们通常会在盖伊·福克斯节（Guy Fawkes Day）采摘它们并将它们放到挂在树上的袋子里，然后可以吃一整个冬天。这些苹果小且外表丑陋，表面呈绿色并带有褐色，有大量锈斑（摸起来像毛皮）。我无法想象任何一家主流超市敢将它们摆在货架上，这太可惜了，因为它们很美味。更重要的是，它们可以一直保存到第二年的 5 月，所以如果精心选择合适的苹果树，在一年当中除了大约 10 周之外，你可以一直有自家种植的苹果吃。

---

[1] "布拉姆利"苹果也拥有引人入胜的历史。1809 年，一个名叫玛丽·安·布雷斯福德（Marry Ann Brailsford）的女孩在自己位于索斯维尔的花园（诺丁汉附近）里种下了几粒苹果籽。一棵树长了起来，而这栋房子后来在 1846 年被屠夫马修·布拉姆利（Matthew Bramley）买下。10 年后，当地一位名叫亨利·梅里韦瑟（Henry Merryweather）的植物育种家认出这棵树是当时未知的品种，于是要了一些插条，用屠夫的名字为它们命名。这个品种后来变得很流行，但最早的那棵树还在那儿。在 1900 年 91 岁高龄时，它在一场风暴中被吹倒，但是又萌发出了新的枝条，至今 200 多岁的它仍在结果。世界上的每个"布拉姆利"苹果都是这同一棵植株的一部分。

这让我立刻想到了"德文郡夸伦登"（Devonshire Quarrenden），这是一种光彩夺目的红苹果，是最早在 7 月下旬或 8 月成熟的苹果之一。这也是一个非常古老的品种，可以至少追溯到 1690 年，在维多利亚时代非常流行。刚从树上摘下来吃的时候，它们有明显的草莓味道，并有一种奇妙的红色果汁。

然后是"皮特马斯顿菠萝"（Pitmaston Pineapple），它结的黄色小苹果吃起来同时有坚果味、蜂蜜味和菠萝味。还有"葡萄酒香"（Sops of Wine），这种苹果的果树富含紫色色素，叶片、花瓣甚至木头都是紫色的，果实有芳香的气味，果皮和果肉当然也被染成了紫色，切成薄片添加在沙拉里看起来非常诱人。

我可以继续说下去，相信你也能看出来这一点，但我只会再提一个品种。我没有种植它，但是我很想得到这个品种，并将它栽进我种出来的果树林里（要是我有一头熊生活在它们当中就好了）。"疙瘩赤褐"（Knobby Russet）是萨塞克斯郡的一个古老品种，它可能是我见过的最不能勾起人食欲的苹果。我在网络上无意间找到一段对其果实的描述，我想我不可能描述得更加贴切："最为丑陋奇异……如此畸形，简直辨认不出它是任何有机生命体的一部分。"毫无疑问，我居住的地方的超市经理看到它就会尖叫着逃走，但我很想尝尝它的味道。

我种下这些树已经 4 年了，如今终于可以收获自己的劳动成果。并不是每棵树都已经开始开花或结果，因为完全长成的果树的结果时间晚于矮化品种，但大多数品种都已开花结果，所以每年我都能得到一些新的品种。包括其他品种在内，我的"阿什米德之核"（Ashmead's Kernel）、"绯红之王"（Crimson King）、"巴思佳人"（Beauty of Bath）和"康沃尔石竹花"（Cornish Gilliflower）仍然顽固地拒绝开花，但是或许今年春天就是时候了。是怎样的宝藏在等待我揭晓呢？

目前，我种植的苹果的大部分收成都来自已经成年的"布拉姆利"，两棵树每年各生产大约 400 千克苹果，足以为一小支军队供应足够的苹果派或酥皮苹果甜点，如果有这么一支军队路过的话。这些苹果大多数都被用来制作一种清爽的酸味苹果酒，它有一项不同寻常的副作用，那就是让我的头皮出汗。每年秋天采摘、破碎和压榨这些苹果成了我的一项家庭事务。我和家人先把苹果堆放在手推车里，拿着水管冲洗它们，然后将每个苹果切成大小相同的四块。接下来，必须将它们放进一台手动破碎机中轧碎，这台机器的一侧有个沉重的飞轮，驱动旋转的锯齿咬穿苹果，令果汁和苹果籽向空中飞溅，引来秋天的最后一批黄蜂。我的三个儿子会为这台机器的操作权争夺不休，直到他们的胳膊开始酸痛且新鲜感消失——这要不了多久，然后就该我上场了。一旦苹果被轧碎成果浆，它们就会进入榨汁机，那是安装在沉重钢架上的一个圆筒，里面有若干栗色的杆子，顶端连接着一个长长的钢柄和一套棘轮结构，用来驱动一个沉重的木盘，这会使得混浊的棕色果汁从杆子之间冒出来，落到下面的一个桶里。这是一

051

项光荣、黏稠、十分费力的工作，回报是能够经常大口喝下这种美妙的液体，它一点也不像超市里用纸盒装的平淡无味的巴氏消毒苹果汁。我会添加一点苹果酒酵母，但这并不是非加不可的，苹果的果皮上有野生天然酵母，能起到发酵果汁的作用，但是如果你添加商业生产的酵母，最终结果会更可靠一些。然后，将果汁倒进放在棚屋的大桶里，让它们在里面一直冒泡到圣诞节，此时糖分将转化成酒精，而酵母和固体沉淀下来，产生清澈的金色苹果酒，无比纯净和天然。我养的各式各样的母鸡和波旁红（Bourbon Red）火鸡非常喜欢压榨果汁剩下的干燥果肉，但它们吃不完这么多，所以我会把剩下的当作护根覆盖物撒在我的菜圃上。没有东西会被浪费。

要不了多久，我就能用其他苹果酿造苹果酒了，包括我种植的酿酒品种。其中一些味道苦甜参半，例如"戴比尼特"（Dabinett），直接食用的话它绝对不好吃，但是据说会为苹果酒的风味带来奇妙的浓郁感和深度。我还种了几个品种的酒梨（perry pear），它们的果实硬得像石头一样，味道很酸，完全无法食用。制作梨子酒据说比制作苹果酒难得多，因为酒梨更容易遭细菌侵染而变质，但我已经等不及要试一试了。

考虑到商业果园喷洒的大量农药，人们可能会认为苹果和梨是脆弱的、难以种植的植物，但它们并不是。我没有将任何东西喷洒在我的苹果树上，它们得到的唯一管理就是覆盖在树根周围的一层草坪修剪残渣，以及围绕树干安装的一道塑料护栏，以防我的那群野兔在冬天去啃树皮。塑料护栏兼作数百只螳螂的家。我所有的树都很健康。也许我的 100 个"布拉姆利"苹果中会有 1 个带疮痂病，也许每 100 个苹果中会有 2 个苹果里面有苹果蠹蛾幼虫在挖洞，但收获的果实中有 97% 是完美的，而我什么也不用做。

当然，我的花园并不是商业果园。如果你种植数百英亩的苹果树，你遇到的害虫问题可能比我在两英亩土地上遇到的严重得多，因为你为害虫提供了一大片它们最喜欢的食物。同样的道理也适用于任何大规模的单一栽培，无论是种植小麦、大麦或油菜的田野，还是种植樱桃、扁桃或杧果的果园。如果你试图在一大片土地上仅种植一种植物，并且保持没有杂草的状态，那么它将不适宜大多数生命形态。但是如果你恰好是少数几种专门吃这种作物的昆虫之一，例如除了咀嚼油菜之外什么都不爱的油菜蚤跳甲，那么当你遇到长达 50 英里的油菜田时，一定会觉得这就是酒池肉林。在这些大规模田野中，平时捕食油菜蚤跳甲的寄生蜂和步甲（carabid）数量稀少或者不存在，因为它们在一年中的大部分时间里都没有东西吃，而且无论如何，它们一般都会被喷洒的杀虫剂消灭。如果田野周围的绿篱没有被杀虫剂喷雾渗透，也没有被砍得只剩下树桩的话，可能有一些捕食性昆虫，而附近的任何非耕种地区都会有很多捕食性昆虫，但是就像螳螂一样，这些昆虫繁殖缓慢，而且从边缘扩散进入田野的速度也太慢，对蚤跳甲没有太大影响。因此，

053

蚤跳甲充分利用这一有利条件，享用着几乎无限的食物和没有天敌的自由空间。任何按照这种方式种植的作物都容易爆发大规模虫害，在这种情况下，使用杀虫剂喷雾似乎是唯一的选择。但正如我们将要看到的那样，还有更好的方式。

让我们回到苹果园。苹果当然可能遭受很多害虫的危害，包括苹果蠹蛾、苹果蚜（green apple aphid）、苹果棉蚜（rosy apple aphid）、红蜘蛛、苹果叶瘿蚊（apple leaf curl midge）、桃潜叶蛾（apple leaf miner）、苹花象甲（apple blossom weevil）、苹叶蜂（apple sawfly）等。实际上，如果不喷洒农药，一座由成年大树组成的老苹果园可以说是一个生机盎然的地方。英国的苹果园一共有2000多个节肢动物①物种，而匈牙利苹果园中的节肢动物物种有2500个。整个英国的"真虫"［ture bug，学名是"半翅目"（*Hemiptera*）］动物群中，超过20%仅仅生活在英格兰东南部的三座苹果园中。大约1/4的节肢动物是潜在的害虫，这意味着果园老板需要担心500多种可能存在的害虫；还有1/4是这些害虫的天敌，只要有一点机会，它们就会控制住大部分或全部害虫；剩下的1/2对果树是温和的，既不会造成可察觉的伤害，也不捕食害虫。这群昆虫共同组成了一套复杂的食物网，也养活了许多更大的生物，例如多种鸟类、蝙蝠、鼩鼱、小鼠、刺猬等。

---

① 节肢动物的英文"arthropod"意为"分节的脚"，包括昆虫及其近亲，如蜘蛛、螨虫、蝎子、马陆、蜈蚣和甲壳类动物（虾、龙虾、藤壶、鼠妇等）。到目前为止，在地球上所有得到描述的物种中，大约3/4是节肢动物。

这是一种自然的平衡，因此不会有任何生物占据主导。随着几次杀虫剂的喷洒，所有这一切都可能被迅速摧毁，一旦发生这种情况，少数幸存下来的害虫就会异常繁荣。

在20世纪80年代上大学时，我学习了"虫害综合管理"（Integrated Pest Management，IPM）这门课程。20世纪40年代和50年代，人们热情但幼稚地过度使用了DDT和有机磷酸酯等合成农药，导致了毁灭性的环境和人类健康问题，蕾切尔·卡森（Rachel Carson）1962年出版的书《寂静的春天》（Silent Spring）让这些问题受到全世界的关注。IPM就是为了应对这些问题开发的，这是一套旨在大幅减少农药使用的虫害管理系统。在农药问世之前，农民使用许多其他技术来控制虫害，而IPM的目标是利用对害虫生物学特性的科学理解开发出一套防控措施，以最大限度地减少环境危害，将合成农药作为最后的手段，在其他手段都失效的情况下才使用。在20世纪80年代，这被认为是所有农民都应该追求的虫害管理的黄金标准。该标准至今仍然适用，尽管在这令人沮丧的30年里，这方面的进展非常有限。

任何IPM策略的核心之一都是"侦察"，即定期检查作物，发现发展中的一切虫害问题。遗憾的是，在现代工业化农业中，IPM的这一重要功能经常被遗忘。由于IPM的核心原则是农药应当作为最后的手段使用，所以绝不能预防性喷洒农药，也不能定期喷洒。在花钱处理问题之前先检查是否存在问题，这是常识，但是在现代农业中，"侦察"行为出乎意料地罕见，这或许是因为大量农业生产是由不住在耕地或耕地附近的承包商完成的。因此，很多喷洒毫无必要。有些害虫不能仅凭观察作物来监测，因为它们可能在夜间活动，白天则隐藏在视线之外。苹果蠹蛾成虫在苹果园里很难被发现，但是可以通过信息素诱捕器来监测它们，这种诱捕器含有雌性苹果蠹蛾自身性激素的人工合成版。将浸泡过信息素并且内壁涂有胶水的简易硬纸板三角锥挂在树上，就能得到关于苹果蠹蛾种群规模的可靠线索。更大量地使用信息素可以干扰交配：如果整座果园都是性信息素的气味，雄蛾就会找不到雌蛾，这大概是因为充盈的信息素会让雄蛾感到迷惑和错乱。在农民看来，这些都有点像是在瞎忙活，但是它总比用杀虫剂闪电式地袭击一切好得多，后者将会抹除一切好的和坏的昆虫。

一些农药会在农民购买种子之前就被施加在种子里，这些据说是必要的预防性措施，以抵御某种当作物在农田里生长时实际上可能并不存在的害虫。此外，有害虫存在并不意味着是时候喷洒农药了。常常出现的一种情况是，害虫以很低的密度出现在作物中，并不会显著降低产量。即便它们的数量增加到令作物减产的地步，如果购买和施加杀虫剂喷雾的成本超过了增产能够得到的收入，喷洒也不划算。的确需要详尽的研究来确定喷洒农药的经济门槛是什么，不过人们对大多数作物都做了计算，例如在美国，每个信息素诱捕器平均捉到 5 只苹果蠹蛾被认为是需要采取行动的临界线。到目前为止，这样的计算尚未将与杀虫剂应用相关的隐性环境成本考虑在内，例如对蜂类种群的破坏或者对溪流的污染。

当然，在可以使用农药之前，大多数作物害虫都被它们的天敌控制着。在果园里，这应该包括大约 500 种捕食性和寄生性昆虫，以及各种吃昆虫的鸟类。对于这些有价值的昆虫，吸引其中的某些种类前来相对简单。通过提供白天的藏身之处，就能帮我们亲爱的螳螂一把。一些有远见的果园管理者已经尝试制作螳螂庇护所，方法很简单：将成捆稻草塞进铁丝网笼子里，或者将卷起来的瓦楞纸板塞进瓶子、罐子或罐头盒子里，再把它们挂在树上。可以将这样的庇护所放置在当地树林里几天，然后再转移到丧失螳螂种群的果园里，但是如果你打算再次喷洒杀虫剂，这样做就没有什么意义了。

我发现，除了我的塑料树干围栏之外，最好的螳螂家园是独居蜂"旅馆"。所谓的"旅馆"其实是一块木头或者一捆竹竿上直径约 8 毫米的洞，供壁蜂和切叶蜂（leafcutter bee）在里面筑巢。如果放置在树干上，这些小洞在春天就会挤满螳螂幼虫，它们似乎非常喜欢这样大小的洞，成群结队地乱成一团，就像放春假的青少年一样。洞里往往布满螳螂的排泄物，毫不奇怪的是，这似乎有驱赶蜂类的效果，后者大概更喜欢气味较小、不那么拥挤的住所。如果你希望自己的独居蜂"旅馆"被蜂类占据，最好将它放在墙上或栅栏上，因为螳螂似乎不太常出现在这些地方，大概是因为这些地方没有蚜虫，也没有什么其他昆虫供它们食用。当然，理想的状态是蜂类和螽蟖兼而有之，吸引壁蜂过来为你的苹果授粉，吸引螽蟖在你的果园里安家，一到晚上，它们就会从自己邋遢的洞里跑出来吃害虫。

害虫的其他天敌也可以有意引入，例如捕食性螨类，其中一些可以从供应商那里买到，不过一般情况下最好吸引野生的、当地原产的昆虫。在不喷洒杀虫剂的果园，每片叶子上可能有多达5种捕食性植绥螨（phytoseiid mite），这些微小但凶猛的捕食者是红蜘蛛的主要天敌。自杀虫剂喷雾应用以来，红蜘蛛已经成为最猖獗的苹果害虫之一，在此之前人们并不知道它是一种害虫，因为捕食性螨类会自然地控制它。

用最少的农药或者不用农药就能有效地管理害虫，这需要充分了解有关害虫的生物学知识及其行为。例如，苹果蠹蛾成虫在春天出现并在树叶上产卵。在它们生命的最初几天，微小的毛毛虫在树叶上进食，然后选择一颗苹果钻进去，在里面挖洞。在苹果里面大快朵颐几个星期之后，幼虫充分长大，它会从苹果里面爬出来，沿着树干往下爬，找到某处黑暗的缝隙，在那里结茧并最终化蛹。如果你想用杀虫剂杀死它们，必须抓住非常短促的窗口期，也就是它们在树叶上进食的那几天。一旦钻进苹果，杀虫剂喷雾就对它们无能为力了（除非你想使用内吸杀虫剂，然后收获浸透了杀虫剂的苹果）。通过信息素诱捕器进行"侦察"可以准确地识别这一窗口期。在瑞士有一套全国虫害预报系统，它使用"侦察"数据和将每日气温考虑在内的数学模型，可以准确地预测喷洒杀虫剂的最佳时间。如果你要使用杀虫剂，最好明智地使用它们。一些瑞士种植者更喜欢使用一种颗粒体病毒而不是化学药剂，这种生物农药会在毛毛虫体内繁殖，最终从内部将其溶解。这听起来好像很可怕，但是该病毒只影响苹果蠹蛾及其近亲，所以对大多数昆虫还有我们都是无害的。

还可以通过在树干上捆绑多层瓦楞纸来管理苹果蠹蛾。在夏末，当毛毛虫沿着树干爬下来时，它们会发现一层层的纸板正好提供了它们喜欢在其中结茧的缝隙。在冬天，可以将纸板剥下来，抖落藏在里面的蠹蛾，然后将纸板烧掉，更好的选择是浸泡在一桶水里，杀死苹果蠹蛾的毛毛虫，然后将尸体拿去堆肥。像这样的简单技巧对于任何人来说都是方便、容易的，而且几乎不用花钱，但它们的确费时费力。现代农业雇用的人很少，需要人在作物中间走来走去的工作基本上都不见了，因为这样做效率低下。IPM 的劳动密集程度更高。但是，现在地球上有 75 亿人，很快就会达到 100 亿人。我们不缺劳动力。所有发达国家的农村社区都已经因为农业机械化而崩溃，也许我们需要考虑回到让更多人参与种植粮食的农业体系。我将在后面再次探讨这个主题。

除了避免伤害蠼螋等重要的天敌，避免在果园里使用农药还有另一个令人信服的理由：苹果需要杂交授粉，对于大部分苹果树来说，除非携带不同苹果品种花粉的昆虫访问它们的花朵，否则它们几乎不会结果（就起源和遗传而言，同一品种的其他苹果树实际上和同一株植物的不同分枝没什么不同）。有效的授粉不仅是果实发育所必需的，而且良好的授粉质量还可以防止果实变形，增加果实的甜度和矿物质含量，改善苹果和草莓等水果的保鲜能力。例如，一朵草莓花有许多个柱头，即花的雌性部分，如果只有少数柱头得到授粉，结出来的草莓就会小而畸形。草莓要想卖得出去，就需要昆虫的造访，这些昆虫会花时间勤勉地探查草莓花的每一个部位，为其授粉。在中国西南部的某些地区，农民现在对苹果和梨进行手工授粉，因为过度使用农药已几乎消灭了所有蜂类。中国也许非常遥远，但是在离我家很近的地方也已经出现了类似的迹象。最近的一项关于英国的"嘎啦"和"考克斯"苹果生产的研究表明，农民目前正在损失大约 600 万英镑的潜在收入，因为他们的果实品质由于授粉不足而受到影响，或许预言中的"蜜蜂末日"距离我们并没有那么遥远。

将农药从影响因素中剔除出去，大量的蜂类和蝇类物种将会出现，愉快地为你的苹果授粉，如果你自己没有合适的授粉树，它们通常会从邻居的花园带来花粉。通常情况下，造访苹果花的授粉生物中有 2/3 是独居蜂，主要是壁蜂和地蜂，其中的一些只在春季展翅飞行，它们精心安排自己的生命周期，以便在春季苹果、单子山楂和黑刺李的花朵盛开时变为成虫。因为它们主要在春季活动，只有很短的时间来储存食物和产卵，所以这些春季蜂类必须能够耐寒，以便在恶劣的天气下觅食，因此对于苹果而言，它们是比蜜蜂更可靠的授粉者。蜜蜂更喜欢比英国温暖的气候，当天气变得寒冷并吹起风时（这是英国春天大部分时候的典型状况），蜜蜂往往会待在蜂巢里生闷气。独居蜂和蜜蜂在很多方面不同，尤其是它们倾向于在离家较近的地方觅食。大多数独居蜂会到距离其巢穴不超过100米的地方寻找鲜花，而蜜蜂可以飞到几公里外寻找食物。这种差异的部分原因可能是一只独居蜂不能冒险离开巢穴太远，因为此时巢穴没有守卫。当它不在的时候，洞穴可能被竞争对手接管，寄生蜂也可能溜进来产卵，所以离开太久是不明智的。而一个拥有数千只工蜂的蜜蜂蜂巢总是有蜜蜂守卫。蜜蜂群体的庞大也意味着它们必须飞到更远的地方才能为全部个体找到足够的食物。

因为独居蜂不喜欢旅行，所以重要的是在你的花园里为它们提供筑巢的地方，这样的话，它们就能随时给你的果树和蔬菜授粉。如果花园里没有太多的蠼螋，可以让有些种类住在独居蜂"旅馆"里，例如红壁蜂（red mason bee）和切叶蜂。这些蜂类物种会自发在枯树的洞中或者灌木植物的中空茎干中筑巢，当然它们也能够很容易地利用人工洞穴，而提供这些人工洞穴是很值得的，因为它们是很棒的苹果授粉动物，尤其是红壁蜂。

我经常会想，在那些经常有熊出没的哈萨克斯坦的森林里，新疆野苹果的天然授粉者是谁。它们大概是类似英国授粉者的物种，但是谁知道呢？也许有一天，我会有机会追随瓦维洛夫的脚步，一探究竟。我最好快点出发，瓦维洛夫要是得知他发现的苹果林在 20 世纪下半叶遭到了很大程度的破坏，一定会很沮丧。20 世纪 50 年代，尼基塔·赫鲁晓夫（Nikita Khrushchev）推动开垦了大片"处女地"以增加谷物产量，苹果树和熊遭受重创。据估计，80% 的森林被砍伐，只剩下一些支离破碎的林区。瓦维洛夫领先于自己的时代，他认识到保护植物遗传资源具有不可替代的价值，可以为培育拥有更好的抗病虫能力等优良特性的作物品种提供材料。这些野生苹果林肯定含有很多对于苹果育种非常宝贵的基因，丢掉这些基因是愚蠢的。由于哈萨克斯坦现在正式认识到了它们的价值，并为此建立了一个新的保护区，所以至少一部分剩余的森林有望得到保护，但媒体报道表明，城市扩张的侵蚀将继续导致森林被毁。

　　对于哈萨克斯坦的森林和熊，我们无法轻易地做太多事情，但是我们仍然可以尽自己的一份力。考虑到苹果野生祖先面临的威胁，我想更重要的是我们要保持驯化品种的多样性。种一棵苹果树吧。如果你的花园很小，那就去找一根矮化砧木，苹果树在上面长不到 4 英尺[①]高，苹果树还可以贴墙整枝，几乎不占用任何空间。专业苗圃会出售我提到的品种，还有另外数百个品种可

---

① 1 英尺≈0.3 米。——编者注

选。如果你只有种植一棵苹果树的空间，那何不种一棵"霍戈特奇迹"（Howgate Wonder）呢？这是一种很棒的烹饪和甜点两用苹果，果实可以保存到 3 月份。无论你选择哪种苹果，你都将帮助照顾一种几千年来一直为我们提供食物的植物，你将创造一个新的生态系统，随着时间的推移，它将养活数百个不同的昆虫物种。最棒的是，你将能够从树上直接采摘和吃掉自己的苹果，这是种永不褪色的乐趣。

# 4
# 有毒的"鸡尾酒"

## 制作雪莲果和斯提尔顿干酪华尔道夫沙拉

配料：大雪莲果 1 个，去皮切块；苹果 3 个，去核切块；来檬 1 个；蛋黄酱 100 克；法式鲜奶油 50 克；蔓越莓干 50 克；成熟斯提尔顿干酪 50 克；烤核桃仁 50 克

1. 将雪莲果和苹果放进碗里，挤上来檬汁，搓碎干酪并撒入，添加其他所有配料，轻轻搅拌。这再简单不过了。

雪莲果对我而言是一项新发现，它是一种非常容易种植的菊科植物，能结出硕大的块茎，口感脆爽，味道介于梨和萝卜之间。生吃、炒、烤，或者做砂锅菜都不错。

　　英国远非完美，我们可能常常哀叹环境的恶化状态，恼怒于

政客们看上去似乎缺乏进行任何长期规划的意愿，但是应该庆幸我们至少没有生活在美国。仿佛拥有厌恶女性、憎恨科学、否认气候变化的总统（在撰写本文时）和强制割草制度还不够糟糕似的，在美国，用杀虫剂浸透城市和郊区也是一种常见做法，要么是从飞机上直接抛洒，要么以毒雾的形式用在街道上巡回的大型罐车喷洒。没有选择退出的余地，如果你试图阻止自己的花园被喷洒，警察可能会给你打电话。在许多发生这种情况的地区，开展野生动植物园艺或者种植蜂类友好型植物的尝试几乎毫无意义，你所做的一切都是在提供死亡陷阱，将蝴蝶或蜂类引诱到它们的屠宰场。

萨克拉门托的一些野生动植物爱好者曾联系过我，他们被逼得心急如焚，因为地方当局雇用的承包商一再使用杀虫剂浸透他们的花园。喷洒针对的目标是日本金龟子（Japanese beetle），这是一种相当漂亮的金龟子，身体表面呈古铜色和翡翠绿色，顾名思义，它来自日本。100多年前，它被意外引入美国东海岸，此后一直向西扩散，2011年在萨克拉门托出现了几只。在一年当中的大部分时间里，日本金龟子都以蛴螬的形式待在地下吃草根。它们和鳃角金龟科林有亲缘关系，同样可以在草坪上制造棕色斑块。成虫的寿命只有几周，但是会啃食很多观赏植物的叶片和花瓣，而且特别喜欢吃葡萄叶。加州拥有发达的农业，包括利润丰厚的葡萄酒产业，由于担心这些甲虫可能成为重大害虫，加州粮农局决定启动一项清除计划。不幸的是，这些入侵甲虫是在郊区花园里发现的，所以这些花园成了一系列杀虫剂喷洒的目标。花园里的柑橘树每年喷洒6次拟除虫菊酯类杀虫剂，其他花园树木每年喷洒3次西维因（carbaryl，一种可能致癌的杀虫剂），而草坪则浸透吡虫啉（imidacloprid，一种新烟碱类神经毒性杀虫剂，将毒害土壤数年之久）。喷洒是在白天进行的，此时蝴蝶和蜂类都很活跃，很难想象任何昆虫能够在这样的袭击中幸存下来。

065　　为了应对当地居民的抗议，这三种化学物质如今已经被一种名为"康宽"［Acelepryn，有效成分是氯虫苯甲酰胺（chlorantraniliprole）］的新型杀虫剂取代了。对于毛毛虫、蛴螬、成年日本金龟子、象甲等害虫，康宽据说可以提供"使用一次，控制一个生长季"的效果。值得注意的是，根据制造商先正达（Syngenta）的说法，这种化学物质"对包括蚯蚓和蜜蜂在内的有益和非目标生物没有已知的不良影响"。如果这是真的，那么这将会是了不起的成就。到目前为止，还没有人发明这样的杀虫剂，能够区分我们想要杀死的害虫如豌豆蚜（pea aphid）及日本金龟子，和占绝大多数的我们应该避免伤害的昆虫如蜂类及食蚜蝇。无论制造商如何声称，使用某种强效杀虫剂喷洒花园都不可能只杀死害虫而不伤害蜂类和其他有益昆虫。

　　康宽似乎还有其他问题。取决于土壤类型，它在土壤中的半衰期（一半的化学物质降解所需的时间）可以长达924天。这意味着如果每年都使用的话，它将在土壤中积累，因为在下一次用药时，上一年使用的剂量仍有大部分残留。这就是它"控制一个生长季"的原因：一次使用就让土壤在未来数年保持毒性。除此以外，技术数据还表明康宽对水生生物有"强烈毒性"。如果你生活在某个正在使用这种化学物质的地区，那么拥有花园池塘是毫无意义的，除非你想要的是地上一个毫无生机的水坑。简而言之，这种化学物质拥有很多令人不快的特性。我敢打赌，20年后，一旦有证据表明康宽正在危害野生动物，它将被禁止在花园里使用。然后它将被另一种化学药剂取代，这个循环将继续下去，而大自然也将继续消失。

有意思的是，尽管人类进行了这些努力，日本金龟子还是在萨克拉门托存活了下来。它们仍然在出现，想必是因为陆地上有一些安静的角落被喷雾器忽视了，让这些甲虫可以在那里繁殖。附近加州大学戴维斯分校的昆虫学家表示，根除大概是不可能实现的，与其试图杀死每一只害虫，使用信息素诱捕器和生物防治因子来管理害虫或许是更温和的方法，而且可能是更明智的方法，但他们的观点似乎还没有被听到。

如果萨克拉门托喜爱蝴蝶的居民感觉受到了伤害，他们至少可以安慰自己，他们的花园还没有受到飞机农药的"轰炸"。在美国东南部，喷洒员从飞机上洒下云雾般的杀虫剂，以消灭传播寨卡病毒的蚊子。对人类而言，这种病毒肯定是比日本金龟子更大的威胁。尽管大多数感染寨卡病毒的人只会经历一场温和且短暂的疾病，但孕妇被感染将可能导致婴儿出现先天缺陷，特别是

有毒的"鸡尾酒" 071

小头畸形（大脑和头部较小）。先天缺陷当然是可怕的，但尽管如此，人们对这种疾病来到美国的反应似乎也过度激烈了，而且在做出这种反应之前没有经过充分的考虑。早在寨卡病毒出现之前，佛罗里达州和路易斯安那州就常常通过地毯式喷洒杀虫剂来杀灭蚊子，每年的喷洒面积约为 1400 万英亩，特别是针对迈阿密和新奥尔良等大城市中心。当寨卡病毒的威胁在 2016 年出现时，喷洒力度加倍，附近的州也开始喷洒。

在这种情况下，有关部门选择使用的杀虫剂是一种名为"二溴磷"（Naled）的有机磷酸酯类物质。康奈尔大学的在线杀虫剂数据库"扩展毒理学网络"（Extension Toxicology Network）列出了一份令人不安的目录，内容是二溴磷对人类的毒性影响。它对二溴磷的描述是"通过摄入、吸入和皮肤吸收，（对人类）有中度到高度毒性"。对人体的重点影响包括："在吸入时，首先产生的影响是……鼻子流血或流涕、咳嗽、胸部不适、呼吸困难或气短，以及气喘……接触眼睛会导致疼痛、出血、流泪、瞳孔收缩，以及视力模糊。在经任何途径暴露后，其他全身毒性作用可能包括……恶心、呕吐、腹泻、腹部痉挛、头痛、头晕、眼睛疼痛、视力模糊、大量出汗以及神志不清。"仿佛这还不够可怕似的，接下来还有："严重中毒将影响中枢神经系统，导致身体不协调、口齿不清、反射丧失、虚弱、疲倦、不自主的肌肉收缩、抽搐、舌头或眼皮颤抖，最终导致躯干四肢和呼吸肌麻痹。还可能出现不自觉的排便或排尿、精神错乱、心律不齐、意识丧失、惊厥和昏迷。死亡可能由呼吸衰竭或心脏骤停引起。"也有人声称，孕妇接触可能导致儿童出现自闭症或其他智力残疾，但据我所知，这仍然是猜测。毋庸置疑的是，二溴磷是一种非常令人不快的化学物质，我们大多数人都不希望自己或者我们的孩子被一架经过的飞机喷洒这样的东西。

当然，我列出这一长串症状是在故意骇人听闻。相反的论点是，美国南方城市居民接触的剂量很小，理论上除了上述最轻微的症状之外，不足以产生任何其他症状。这是美国环保署的立场，但是在欧洲，监管部门持不同观点并禁止了二溴磷的使用，而波多黎各（那里有寨卡病毒）总督也禁用了二溴磷。可以理解的是，美国东南部的一些郊区居民对这种杀虫剂深感担忧，在佛罗里达州还出现了反对喷洒的街头抗议。当不同的机构查看同样的毒理学数据并得出相反的结论时，普通人应该怎么想？很难预测让数千万人低剂量接触这种化学物质的长期后果会是什么。哪怕他们之中只有一小部分人受到不利影响，难道不是仍然意味着受害者比寨卡病毒伤害的人还要多吗？

无论代价和给人们带来的好处是什么，很明显，这种喷洒都在产生巨大的环境成本。2016 年 8 月 28 日上午 8 点，南卡罗来纳州多尔切斯特（Dorchester）县开始从空中喷洒二溴磷。这是对南卡罗来纳 4 例寨卡病毒感染病例的回应，尽管这些病例都是在离开该州时被感染的。没有证据表明南卡罗来纳州当时有任何一只蚊子携带寨卡病毒，这次喷洒是为了防止有蚊子携带病原体进入从而感染更多的人。那天上午，当商业养蜂人胡安妮塔·斯坦利（Juanita Stanley）去检查自己的 46 个蜂箱时，发现几乎每只蜜蜂都死了——总共可能有 250 万只。死去的蜜蜂像地毯一样铺得密密麻麻，脚踩上去嘎吱作响，而少数幸存的正在试图清理蜂巢入口的尸体。

根据二溴磷制造商的说法，这种化学物质"对暴露于受到直接喷洒的开花植物或野草附近环境的蜜蜂有剧毒"。为了尽量减少给蜜蜂造成的风险，制造商建议在夜间使用二溴磷，并且不要在超过日出两小时后或日落两小时前的时间使用，从而将喷药时间限制在蜜蜂最不活跃的时间段。多尔切斯特县的农药喷洒员遵从了这个建议（上午 8 点在日出两小时内），但是在 8 月的炎热天气下，蜜蜂此时非常活跃，正在蜂箱外访花，于是它们完全暴露在杀虫剂中。这个建议看来是错误的。

对于这次喷药，胡安妮塔没有得到预警提示。消息数天前曾在 Facebook 上公布，但她没有看见那篇帖子。这起事件此后的激烈争议主要集中在通知不充分上。有关部门已经同意，今后宣布喷药日期时不会依赖社交媒体。如果胡安妮塔收到提醒，她可以在前一天晚上关闭蜂巢。这样对于胡安妮塔和她的蜜蜂，情况显然会好得多，但是这忽略了更大的问题。美国东南部生活着种类繁多的昆虫物种，毫无疑问数以万计：熊蜂、蜻蜓、蝴蝶、瓢虫、食蚜蝇、草蛉、萤火虫等。这些昆虫不上Facebook，也没有人在喷药前一天的晚上把它们藏起来。每当一架飞机飞过来，洒下杀虫剂并形成云雾时，会有数以万亿计的昆虫被杀死，和它们比起来，胡安妮塔损失的 250 万只蜜蜂只是沧海一粟。被杀死的昆虫包括授粉者、害虫防治因子、回收者，以及无数鸟类、蝙蝠、蜥蜴和蛙类物种的食物。它们占所有已知昆虫物种的大约 2/3，因此这种形式的喷药正在消灭大部分生命。这一切都是为了杀死一种传播塞卡病毒的蚊子——埃及伊蚊（Aedes aegypti）。

颇为讽刺的是，这种形式的喷药并不是特别有效。杜克大学医学院的传染病专家杜安·古布勒（Duane Gubler）发现，成年埃及伊蚊大部分时间都待在建筑物内或建筑物下，又或者停留在乔木和灌木的树冠下休息，它们可以在那里躲避落下的喷雾。和很多蚊子不同的是，它们在夜间不活跃，主要在清晨或傍晚觅食，所以夜间喷药基本上毫无意义。而且，杀死一部分成虫几乎不会造成什么长期影响，因为它们的繁殖速度非常快。清除它们的滋生地才是有效得多的防治手段，因为蚊子在小水坑里繁殖，而且常常利用积聚在废弃塑料垃圾、旧轮胎、受阻排水沟、鸟浴盆等处的水。在池塘里加入吃昆虫的小型鱼类也很管用。与之类似，你还可以通过设置蝙蝠盒来吸引蝙蝠，小棕蝠（little brown bat）可以在一个小时之内吃掉 1000 只蚊子（但是如果一个地区遭到杀虫剂的地毯式轰炸，它很可能会饿死）。空中喷药似乎更像是一种象征性姿态，是有关部门正在采取行动保护公民的有形证据，而不是一种实用的防治手段。

遗憾的是，我在萨克拉门托的朋友们，还有佛罗里达州的抗议者们似乎都是少数派，因为很多美国公民赞成在自己的院子里施加化学药剂。实际上，他们愿意为此买单。几年前，我在美国参加了一场关于保护花园授粉者的会议，并在会上震惊地发现，就像有些英国居民委托承包商照料自己的草坪一样，有些美国居民实际上会委托承包商定期用杀虫剂冲洗自己的花园。来自马里兰大学的昆虫学家迈克·劳普（Mike Raupp）是报告人之一，他展示了一些照片，照片上的操作人员正在用杀虫剂喷洒一座郊区花园里的灌木，使用的设备类似连接在大型罐车上的消防水龙。这些喷雾剂主要针对的是园艺植物害虫而不是蚊子。迈克说，他曾试图解释这种预防性喷洒是没有必要的，更好的办法也许是只在出现严重虫害问题时更谨慎地针对性喷药。一位业主回答，只有当他看到自己的花园被彻底浸透，甚至看到杀虫剂从树木上滴下来时，他才会觉得自己的钱花得值。也许他还喜欢早上那股类似凝固汽油弹的气味。

一些人认为农药是完全没有必要的，是摧毁野生动物的毒药，他们认为所有农药都该被禁用；另一些人则认为，如果我们要养活全世界的话，农药是我们需要的宝贵工具。但是用它们浸泡郊区的想法是疯狂的。这肯定会对花园野生动植物造成巨大的损害，而且很可能给人类健康带来风险。这样做还会威胁农药的长期有效性，因为对于任何农药而言，都是用得越多，害虫就越有可能产生耐药性。这就和抗生素一样，无论是医生不加区分地胡乱开药，还是农民预防性地在生存于拥挤和应激环境之中的农场动物身上使用，过度使用抗生素都加速了"超级细菌"的出现，这些细菌如今差不多对所有已知抗生素都有抗药性。同样地，不必要地使用农药只会让对农药免疫的害虫更快地出现。因此，即便是农药的热心支持者也应该反对在花园里纯粹为了美化而使用农药，除非他们实际上就是农药制造商，而彻底不再在城市里使用农药会影响销售额。①

　　不管怎样，植物都很善于照顾自己。它们有自己的防御机制——刺、刚毛、坚韧的叶片，以及天然化学防御。通常只有在不适应当地气候或土壤的胁迫状态下，园艺植物才会受到虫害的严重影响。在树林里散步，你看到的花草树木一般都是健康的，它们很好地适应了自己所处的环境。另外，如果你试图在白垩质的碱性花园土壤中种植喜酸的蓝莓或杜鹃花，它们不会茁壮生长。这些植物将会生病，而且虚弱得无法调动资源用于防御，很容易遭受害虫的侵袭。你可能想种植油桃或桃，但是英国的气候对它们来说太冷了，它们几乎不可能生长良好。简而言之，如果你的某种花园植物反复受到虫害的严重侵扰，那就说明你试图种

---

① 你可能以为，农药制造商会很愿意防止害虫对其产品产生抗药性。然而现实是，将一种新农药推向市场的公司会获得一个固定期限，通常是 10~15 年（取决于所在国家），在此期间，该公司享有该产品的独家生产权。在这期间，母公司必须收回它在这种化学药剂的研发中投入的可观资金。因为一旦这段期限结束，其他公司就可以开始生产它，令价格和利润下跌。因此，让自己的产品在 15 年后失效，实际上可能更符合制造商的利益，只要他们准备好推出一种新的农药作为替代。对环境有害，但是对利润有利。

植的植物错了。无论你生活在哪里，在白垩土、黏土还是泥炭上，在康沃尔郡、克拉珀姆还是凯恩戈姆，肯定都会有很多更好的植物可以选择，让它们能够照顾自己。

即便你的花园植物偶尔会受到蛞蝓、毛毛虫或蚜虫的影响，但那真的重要吗？我的花园里仍然有前房主留下的一些杂种香水月季，我还没把它们挖出来，而它们经常会有一些蚜虫，但那又怎么样呢？我可以选择赶尽杀绝，用杀虫剂从头到脚喷洒它们，我也可以选择置之不理。最坏的结果是我的月季上可能多了几只蚜虫，少了几朵花。这真的算得上一场灾难吗？同样，我的蚕豆植株上通常会在仲春时出现黑豆蚜（black bean aphid）。这些昆虫繁殖迅速，很快就会在植株的生长末端附近形成密集的群体，而且常常会有从它们身上榨取蜜露的蚂蚁守卫着它们。这看上去很糟糕，可能会让我忍不住冲出去买杀虫剂喷雾，但是我什么也没做。在一两周内，总是会出现一簇簇橙色的瓢虫卵，如果我幸运的话，还会出现一行行珍珠似的草蛉卵，每一行都产在一根细长茎干的顶端，让蚂蚁够不着它。瓢虫卵孵化成身体结实的带刺黑色幼虫，它们对蚂蚁的攻击不屑一顾，贪婪地咀嚼着蚜虫。在这个短暂的发育阶段，它们会吃掉多达 5000 只蚜虫。形如刺客的草蛉幼虫有弯刀状的下颚，用来刺穿蚜虫。① 微小的黑色寄生蜂来到这里，它们比

---

① 一些草蛉幼虫会用猎物的残骸装饰自己的背部，这似乎是在愚弄守卫的蚂蚁，让它们以为自己是巨大的蚜虫，不应该受到攻击。

蚜虫小，但是有一根又长又锋利的产卵管。它们用产卵管刺穿猎物，向每只蚜虫体内注入一只卵。卵将很快孵化，并从宿主体内吞噬它们。食蚜蝇的幼虫也来分一杯羹，这些没有视力的透明蛆虫看起来就像动画片里的妖怪。它们通过嗅觉找到猎物，然后用钩状口器捕捉它们，吸出它们的体液，丢掉空壳。花萤（soldier beetle）之前一直以欧当归（lovage plant）的黄色伞形花序为食，此时被丰富的食物吸引到了蚕豆上。这些锈红色的细长昆虫有着长长的腿，它们是杂食性昆虫，特别喜欢吃蚜虫。到了晚上，蠼螋从它们藏身的缝隙里出来帮忙。每一棵蚕豆都变成了战场，但最终的结果总是一样的。蚜虫被屠杀殆尽，蚂蚁最终撤退，只剩下一团黏糊糊的蜜露和"木乃伊"，即被麻痹的蚜虫的尸体，寄生蜂会从它们体内钻出来。我确信，这有时会减少我的蚕豆收成，但我仍然能收获很多蚕豆，一袋袋的豆子冷冻后足够我们整个冬天吃的。收获蚕豆后的夏季作物似乎从不会受到蚜虫的影响，也许是因为在蚕豆中繁殖的捕食者散布到了其他蔬菜中。如果我当初选择使用杀虫剂喷雾赶尽杀绝，那我的花园里就不会有捕食者，可能会一年到头反复面临蚜虫问题。

当然，既然你在看这本书，我就敢冒险猜测，你在照料自己的花园（如果你足够幸运地拥有一座的话）时应该很少用杀虫剂。也许你根本不用杀虫剂，完全采取有机园艺方式。你很可能正在努力让自己的花园对野生动物友好，例如在里面种植吸引蜂类和蝴蝶的花，设置独居蜂旅馆等。遗憾的是，你的花园里可能仍然有杀虫剂，是你在无意之中带进来的。去你当地的园艺中心走一走，你会看到那里陈列着一些让人梦寐以求的华丽植物，有些种类专门贴上了蜂类或授粉者友好标签，标签是一只熊蜂卡通图案，有时还会使用皇家园艺学会的"完美吸引授粉昆虫"标识。如果你喜欢在花园里听蜂类物种的嗡嗡声，并且想要尽自己的一份力量来帮助我们的野生动物，你很可能会受到诱惑。实际上，我也常常花一小笔钱买盆栽植物，尽管当时我去园艺中心只是为了买一包欧洲防风草（parsnip）的种子。大型连锁自组装家具店和超市也一样，在主入口旁边的某个位置，你通常会看见一系列色彩缤纷的植物种在塑料花盆和托盘里，其中的一些种类带有蜂类友好的标识。

来自意大利的客座博士生安德烈亚·兰托拉（Andrea Lentola）曾在我的实验室做过研究，如果你像我一样曾经抵挡不住诱惑买了这些植物，你可能会对研究结果感到担忧。当时，我怀疑这些观赏植物实在是过于完美，而我听到了一些很合理的传言，说大规模培育它们的温室严重依赖杀虫剂。于是我想知道，这些以"蜂类友好"为卖点的植物是不是其实没那么友好。2016年，我发起了一项众筹，[①] 为这次一探究竟的研究活动

---

① 为科学研究筹集资金正在变得越来越困难，任何有可能冒犯强大行业的研究项目都不太可能获得资助，哪怕是来自政府研究委员会的资金。在公众认为值得支持的课题上，众筹已经成为资助小型项目的另类方式。

提供支持。公众非常热心，总共捐赠了将近 8000 英镑，足以支付安德烈亚的学费和研究开支。安德烈亚和我驱车来到附近的一家怀瓦尔（Wyevale）园艺中心，中心的手推车上装满了可爱的植物：风铃草（campanula）、荆芥（catmint）、薰衣草和山萝卜等。我们只买了皇家园艺学会名单上的植物，而且大多数植物有皇家园艺学会的"完美吸引授粉昆虫"标识。在我们学校内部的化学家利兹·希尔（Liz Hill）教授的指导下，安德烈亚开始了烦琐的工作，他从花朵中提取花蜜和花粉，并对花蜜、花粉和叶片进行多种杀虫剂筛查。与此同时，我前往其他一些大型连锁零售商店，包括阿尔迪（Aldi）、百安居（B&Q）和家居本营（Homebase）等，购买更多供安德烈亚处理的蜂类友好花卉。采集样本后，安德烈亚在萨塞克斯大学一个没有窗户的地下室里使用一些非常昂贵的分析设备（气相和液相色谱仪与串联质谱仪相连，如果你感兴趣的话）对它们进行了分析，这一过程持续了数月之久。

结果令人沮丧。大多数植物都含有多种农药，通常是杀真菌剂和杀虫剂的混合物。我希望我可以说自己对这个结果感到惊讶，但遗憾的是我并不惊讶。在我们检测的 29 种植物中，只有两种不含农药，其中 22 种（76%）含有至少 1 种杀虫剂，38% 的植物含有两种或两种以上杀虫剂。1 种开花石楠类植物含有 5 种不同的杀虫剂和 5 种不同的杀真菌剂——名副其实的有毒花束。70% 的植物含有新烟碱，这种杀虫剂对蜂类显著有害而且可以在环境中长期存在。① 虽然新烟碱是我们发现的最常见的杀虫剂，但是也存在其他杀虫剂，包括拟除虫菊酯类，以及有机磷酸酯类杀虫剂氯吡硫磷。有些农药非常持久，使用数年后还能在植物中检测到。我已经列出了很多细节，现在你应该清楚整体状况了。以"蜂类友好"为卖点出售的植物通常都充满了农药。

在我看来，这是非常可耻的。很显然，这些植物一点也不"蜂类友好"。好心的园丁希望将授粉者吸引到自己的花圃里，才买下这些含有杀虫剂的植物，结果却毒死了那些他们希望帮助的昆虫。我不是法律专家，但这难道不违反商品说明法吗？"完美吸引授粉昆虫"标识的使用是一种营销策略，它利用了园丁们在照顾野生生物方面日益增长的兴趣。② 我不禁好奇，零售商是不是完全知道他们出售的植物里有什么，却睁一只眼闭一只眼，抑或这只是无知造成的。

我们的研究结果在 2017 年春天发表，引起了不小的轰动。几家全国性报纸刊登了这篇文章，紧接着地球之友（Friends of the Earth）发起了一项运动，重点是说服植物零售商保证自己的

---

① 新烟碱类物质对蜂类的危害程度并不相同。三种新烟碱已被确定为特别有害，并被欧盟禁止使用在开花植物上以保护蜂类，它们是吡虫啉、噻虫嗪（thiamethoxam）和噻虫胺（clothianidin）。对于关心技术细节的读者，我可以透露，38% 的植物含有吡虫啉，14% 的植物含有噻虫嗪，还有 1 种植物含有噻虫胺。

② 写下这篇文章之后，皇家园艺学会将标识改成了"吸引授粉者的植物"，含蓄地承认了这些植物可能并不"完美"，但是在我看来，这似乎是在回避问题。真正采取行动减少或消除这些花卉中的杀虫剂才是需要做的事情，如果皇家园艺学会在这方面发挥带头作用的话，那将会是件好事。

"蜂类友好"植物不含新烟碱。百安居迅速且积极地采取了行动，承诺从2018年2月起，他们将禁止供应商使用新烟碱。阿尔迪宣称他们在2016年10月就停止使用新烟碱了，那正是我们从他们那里购买植物之后不久。其他组织就没有这么积极了。代表园艺产业的园艺行业协会（Horticultural Trades Association）发起攻势，试图淡化和削弱我们这项研究发现的重要性。一篇发表在网络上的文章声称欧盟禁止在开花植物上使用的这三种新烟碱没有用于园艺（从我们的研究结果看，这不像是真的）。该文章还辩称，我们发现的杀虫剂浓度"是低水平的"，而且我们的取样来自"英国一个非常有限的区域"。

让我们仔细看看他们的批评。首先，杀虫剂的浓度当然很重要。现代分析技术非常灵敏，可以检测到极低的浓度。我们检测到的浓度都低到不会造成任何实际伤害吗？关于新烟碱，在经过新烟碱处理的作物（如油菜）的花蜜和花粉中发现的浓度通常在十亿分之一至十亿分之十之间。这的确是很少的量，但是已经有人发现，暴露在这样的浓度下会损害蜂类的导航能力，并导致产卵数量和学习行为减少，免疫系统遭抑制。在一项针对熊蜂蜂巢的研究中，我们发现，给它们新烟碱含量十亿分之六的花粉就足以减少蜂巢的增长，并导致每个蜂巢产生的新蜂后的数量减少85%。在观赏花卉中，我们发现新烟碱类吡虫啉的最高浓度是十亿分之二十九，噻虫胺是十亿分之十三，而噻虫嗪是十亿分之一百一十九。换句话说，它们的浓度比已知可伤害蜂类的浓度高得多。其次，我们只在"非常有限的区域"取样的说法相当荒谬。没错，我们是从萨塞克斯大学附近的商店取样的，但它们都是拥有国际供应网络的大型连锁店。园艺行业协会真的是在暗示这个问题是东萨塞克斯特有的吗？

幸运的是，地球之友发起的运动引起了人们的兴趣，大多数大牌连锁店很快就同意不再使用新烟碱，包括诺卡兹（Notcutts）、希利尔（Hillier）、怀瓦尔、多比斯（Dobbies）等。那年夏天结束时，唯一没有加入进来的大型园艺花卉零售商是家居本营。地球之友发起了一项"在线行动"，请求公众联系家居本营并要求他们改变使用新烟碱类药剂的做法。在 1.8 万人这样做了之后，家居本营终于在 2017 年 11 月宣布，它也将在 2018 年年底之前停止销售使用新烟碱处理过的植物。

科学研究直接带来实践中的决定性变化，这样的局面令人耳目一新。在我曾经参与过的研究中，这或许是唯一获得如此明确的回应的一次，我本应为此高兴，但是冒着听起来粗鲁无礼的风险，我要说我并不高兴。我认为，将重点放在新烟碱上，地球之友和所有连锁园艺中心都忽视了更大的格局。新烟碱无疑对蜂类有害，但是其他化学物质呢？如果我购买一株为蜂类提供食物的植物，我也不想让它被拟除虫菊酯类或有机磷酸酯类杀虫剂浸透。这两类物质对蜂类都有剧毒，而且有机磷酸酯对人类也有很强的毒性——此类神经毒剂目前每年导致大约 20 万人死亡。甚至就连杀真菌剂也被发现会伤害蜂类，有些似乎会妨碍蜂类的解毒系统，令杀虫剂的毒性提高1000倍，而另一些被认为会破坏蜂类的肠道菌群，这对它们的健康是致命的。

承诺不再使用新烟碱是很好的，但是种植者会用什么来代替呢？他们可能会使用更多的拟除虫菊酯或有机磷酸酯，这不会是太大的进步，或者他们会使用悄悄出现在市场上的新型化学药剂。虽然在过去的20年里，杀虫剂产业一直在为了保住新烟碱负隅顽抗，但它也一直在准备替代品。这些替代品都有绕口且很容易忘的名字：溴氰虫酰胺（cyantraniliprole）、氟啶虫胺腈（sulfoxaflor）和氟吡呋喃酮（flupyradifurone）。这些化学药剂如今已经在市场上出现（我怀疑这些名字是故意设计得如此复杂并且难以记忆或发音的，这是一种策略，目的是减少对它们的讨论）。这三种化学物质都是神经毒素，后两种物质在昆虫大脑中起效的目标神经感受器与新烟碱完全相同。和新烟碱一样，它们都是内吸农药（在植物的组织内部扩散），所以不管用在任何开花植物上，它们最终都会进入花蜜和花粉。这三种物质对蜂类都有剧毒。实际上，氟啶虫胺腈和氟吡呋喃酮几乎在每个方面都像新烟碱，但它们的制造商非常卖力地声称它们是完全不同的新型化学物质。他们认为既然新烟碱的名声不佳，那就把这个名字抛弃。毕竟，如果我们在忙着禁止新烟碱的同时，却在注册新的新烟碱以供使用，那就有点过于明显了。这该有多蠢啊！

目前，我在园艺中心购买植株的日子已经结束了。我不想一直担心自己可能会不小心毒死花园里的蜂类、食蚜蝇和蝴蝶。要是能看到皇家园艺学会在这方面表现出一些领导力的话那就太好了，因为用在满是杀虫剂的植株身上的，正是他们提供的标识。在有关这件事以及地球之友运动的所有媒体报道中，皇家园艺学会的存在感都很弱。在我看来，他们应该规定，任何带有他们蜂类友好标识出售的植物都应该不含杀虫剂，最好是不含任何类型的农药。做不到这一点的话，任何方案都没法真正令人满意。在园艺行业行动起来之前，我建议从有机苗圃购买植株。有机苗圃并不常见，但有一些拥有在线店铺。一种低碳的选择是用种子种植植物，如果你没有耐心的话，还可以和你的朋友或邻居互换植物。

我希望我已经说服你不要购买农药并在你的花园里喷洒，而且至少目前要小心陈列在园艺中心的那些吸引眼球的观赏植物。如此一来，在宣布自己的花园没有农药之前，只剩下一件事需要你考虑了。目前英国有850万只狗，同样数量的猫，还有大约100万只宠物兔。如果你没有狗、猫或者兔子，那你就不用担心，你可以看心情跳过这一两段内容。如果你的确拥有上述动物之一，你偶尔会需要在它抓跳蚤时治疗它，但实际上，你可能会在它根本没有跳蚤时处理这个问题。后一种做法好像有点奇怪，但这很常见。当你带狗去看兽医（不管因为何种原因），很多人都会试图卖给你一种预防性的跳蚤药。这有点像是鞋店在你买新鞋时常常试图卖给你抛光或防水喷雾，你并不真的需要它，但是拒绝它似乎有点不礼貌。最常见的跳蚤药是一种滴剂，你只需要把它滴在动物脖子后面即可。你还可以买到浸渍过杀虫剂的项圈。这两种情况中，跳蚤药的活性成分往往是吡虫啉，这个名字现在听起来应该很熟悉了，它是一种新烟碱，是欧盟禁止用于开花植物的新烟碱之一，也是我们在 38% 的观赏植物中发现的对蜂类有剧毒的物质。

对于中型犬，你的兽医会建议每月滴 250 毫克的剂量，这足以毒死大约 6000 万只蜜蜂或者大约 60 只鹌鹑（浸渍过杀虫剂的项圈里的剂量是它的将近 20 倍，4.5 克）。当然，这不一定会造成问题，除非有 6000 万只蜜蜂或者 60 只鹌鹑突然决定吃掉你的狗。这两种情况似乎都不太可能发生，但你会忍不住好奇：这些毒素去哪儿了？新烟碱会在土壤和植物中持续存留数月或数年，但据我所知，还没有人研究当它们用在宠物身上时会跑到哪里去。说明书上说，要把宠物的毛分开，然后将这种化学物质滴在皮肤上。为了保护整只动物不受跳蚤的侵扰，杀虫剂不可能停留在颈部皮肤表面，所以它在一定程度上应该会被身体吸收，或者在皮肤表面扩散。根据宣传，这种药物适用于抚育幼崽的哺乳期母犬，而且说明书解释说它能够为幼崽提供保护。我找不到任何关于幼崽如何得到保护的解释，但是这说明该化学物质在狗身上是内吸性的，就像在植物中一样，因此它是可以通过母亲的乳汁进入幼崽体内的。要想进入乳汁，它们必须先穿透皮肤，那么当你抚摸狗，亲切地摩挲它脖子后面的皮毛时，会发生什么呢？当你的孩子拥抱狗，把自己的脸埋在狗的皮毛里时，会发生什么？

**有毒的"鸡尾酒"**

当你抓住狗的项圈时，如果它戴的是浸过杀虫剂的项圈呢？在每一种情况下，都可能有一些神经毒素传递到你的皮肤上并穿透它。

既然新烟碱存在于乳汁中，那么我猜它们也很可能出现在宠物的尿液里，然后伴随尿液洒在你的花园里，或者在你遛狗时进入当地公园或绿篱。我们知道这些化学物质会被它们接触的任何根或叶片吸收，如果这种植物开花的话，它们将进入花粉和花蜜。如果你拥有一座小花园，而你的狗或猫经常在那里排尿，也许你最好不要让三叶草和蒲公英开花。在萨塞克斯大学最近的研究中，我们在布莱顿市区放置了熊蜂蜂巢，并发现这些熊蜂采集到的多批食物都含有吡虫啉。这可能来自人们从当地园艺中心购买的"蜂类友好"植株，也可能来自对宠物的跳蚤防治——我们还不知道。

受到威胁的不只是蜂类。有人会猜测，既然这些跳蚤药物是水溶性的，那么它们很容易从宠物身上洗掉。虽然目前似乎还没有科学家研究滴在宠物身上的吡虫啉在环境中的归宿，但是已有一项关于氟虫腈（fipronil）的研究，这是一种与吡虫啉关系较近、性质类似的杀虫剂。志愿者先在自己的狗身上滴了氟虫腈，然后他们被要求给狗洗澡，研究人员随即检测了洗澡水中的杀虫剂。结果并不令人惊讶，这种化学物质的很大一部分出现在了洗澡水里。在其中一只刚刚用过药的狗的洗澡水中，这个比例高达86%。这项研究的作者认为，洗澡水将前往废水处理站，这会影响下游水环境。我更担心的是，当狗冒雨外出或者跳进花园池塘给自己降温时（这是我的狗在夏季的每一天都会做的事情）会发生什么。如果250毫克吡虫啉中的大部分被冲进池塘或溪流，这对水生昆虫而言会是一场浩劫。让我来快速地做一些粗略的计算。每10亿份水中含有6份吡虫啉就足以杀死灰褐蜉蝣（slate brown dun mayfly）的水生若虫，因此250毫克吡虫啉足以令41.7万升水变成能够杀死灰褐蜉蝣的毒药。要想让一个奥运会规格的游泳池中的水变得对蜉蝣有毒，只需要为大约六只狗滴驱虫剂（或者，如果所有化学物质都能从项圈里洗出来的话，一只戴着浸渍过的项圈的狗就能让三个这样的游泳池变得有毒）。

我猜你现在应该在想，这里存在的人类健康风险是什么。如果你用吡虫啉处理宠物，你和你的家人无疑会受到微量神经毒素的污染。这听上去不是个好事，但是你应该记住，这些化学物质对人类的毒性比它们对昆虫的毒性小得多。按照同等重量计算，吡虫啉对昆虫的毒性大约是对脊椎动物毒性的1000倍（将老鼠作为标准测试生物，这里的假设是就毒素的影响而言，人类相当于大号老鼠）。出于显而易见的原因，从来没有人做过测量人类致死剂量的实验，也没有人用狗做过此类实验。因此，一些粗略的数学计算表明，如果十亿分之四克吡虫啉足以杀死一只体重十分之一克的蜜蜂，[①]那么一只人类大小的蜜蜂会被大约3毫克的吡

① 我应该解释一下，毒性的衡量方式通常是给予被试生物不同剂量的化学物质，并在24小时或48小时后观察每种剂量下的死亡个体数量。在最高剂量下，大部分或全部个体死亡，在最低剂量下，无一个体死亡，但介于中间的是"半数致死量"（LD50）——导致一半动物死亡的剂量（杀死50%个体的致死剂量）。吡虫啉对蜜蜂的半数致死量约为4纳克（1克的十亿分之四）。

虫啉杀死，而杀死一个真正的人类则需要大约 3 克。这是你每个月为自己的狗滴的吡虫啉用量的 12 倍，当然，你只会接触到你给狗使用的化学物质的一小部分。除非你将狗一整年的用药量直接滴进自己喉咙里，或者决定把经过处理的狗项圈吃了，否则你不会摄入致死剂量的。所以你现在可以长出一口气了，没什么好担心的。

　　我怀疑你并没有被说服，就像佛罗里达州的抗议者不喜欢被喷洒二溴磷一样，这种反应是理所当然的。事情并没有那么简单。有许多因素让这个问题远没有那么明朗。首先，你不会只通过家庭宠物接触到吡虫啉和其他新烟碱。最近的一项研究表明，大约一半的西班牙红葡萄酒中含有吡虫啉，而且没有理由认为西班牙是特例。一项针对商店出售的蜂蜜进行的全球研究发现，3/4 的样品中含有新烟碱（浓度常常对蜂类有害）。美国的自来水曾检测到新烟碱，而我在萨塞克斯大学的研究团队曾在英国一座有机小农场的井水里发现了浓度极低的新烟碱。鉴于它们被非常广泛地应用于多种作物，包括小麦等主食以及许多园艺果蔬作物，它们很可能存在于许多食品中。摆脱它们多多少少是不可能的，也不可能计算出我们总共接触了多少。这种接触将在我们的一生中持续发生，长年累月地进行。任何在 20 世纪 90 年代中期（此时新烟碱开始得到使用）或以后出生的人，很可能从胎儿时就经常接触剂量不等的微量新烟碱。也许这没什么影响，也许的确有影响——只是我们还不知道。

此外，我们并不是一次只接触一种农药。对全球范围内蜂蜜所含新烟碱的研究发现，将近一半的样品中含有两种不同的新烟碱。在蜂蜜中检测其他农药的研究常常会发现 10 种或者更多不同种类的杀虫剂、杀真菌剂和除草剂。我喜欢蜂蜜，早餐时经常在吐司上抹一些蜂蜜吃，但是我知道自己正在摄入复杂的农药"鸡尾酒"。当我能找到有机蜂蜜时，我就会买有机的，这种蜂蜜肯定更好，但是我常常好奇，考虑到农药无处不在，而且蜜蜂常常飞出好几英里觅食，养蜂人怎么能肯定自己的蜜蜂没有接触到农药？没有理由认为蜂蜜是糟糕的，蜜蜂只是在农场和花园里采集花蜜，并且在这个过程中收集了很多正在被使用的农药。欧盟注册使用的农药有 500 多种，所以它们可以接触到很多作物。欧洲食品标准局 2017 年的一项调查发现，略低于一半的食品样本中含有杀虫剂。并不令人惊讶的是，水果遭受的污染特别严重，葡萄是其中最严重的。在接受检测的葡萄中，3/4 以上是阳性的，大多数都含有多种农药残留。一份来自土耳其的葡萄样本含有 19 种不同的农药。真是美味。

我们更容易接触某些特定类型的农药。新烟碱是食物样品中最常见的化学药剂，但是我们摄入最多的农药大概是草甘膦[glyphosate，常以"农达"（Roundup）作为商品名出售]，这是一种除草剂，也是全世界使用最多的农药。这种化学药剂曾引发激烈的争议，它在 2015 年被世界卫生组织宣布为致癌物。反驳的观点认为，致癌所需的剂量远远高于我们可能接触的剂量。毫无疑问，我们都在摄入草甘膦。2016 年，一项对 2000 多名德国人进行的研究发现，他们当中超过 99% 的人尿液里都含有草甘膦，其中儿童尿液中的含量尤其高。在 3/4 受试者的尿液中，草甘膦的浓度是饮用水可接受安全阈值的 5 倍或更多。这种近乎无所不在的接触并不令人惊讶，因为很多主食作物如小麦会在收获前定期喷洒草甘膦，因此它会出现在许多日常食物中，例如面包、脆谷乐、巧克力饼干、乐之饼干和家乐氏特别 K 麦片等。不管你喜不喜欢，除非你只买有机食品，否则你很可能尿出除草剂。

还有一样东西也会被加入这杯有毒的"鸡尾酒"中。农药并不是我们经常接触的唯一一类人造化学品。实际上，监管部门对美国 1979 年以来销售的化学品进行盘点，列出了令人震惊的 8.5 万种不同的化合物。美国女性平均每天使用 12 种个人护理产品（肥皂、乳液、牙膏、洗发水等），其中含有 168 种不同的化学品。男性的使用量大约是这个数字的一半。这些化学品包括丙烯酰胺（acrylamides）、甲醛（formaldehyde）、邻苯二甲酸盐（phthalates）、对苯二酚（hydroquinones）和许多其他物质，其中包括已知和受到怀疑的致癌物，还有内分泌干扰物（对众多调节我们身体的激素的正常功能起干扰作用的化学物质）。这些化学物质中有许多种类很容易通过皮肤吸收。在阻燃剂、食品包装、塑料、清洁产品、涂料，甚至浴帘中，我们都会遭遇其他有潜在危害的化学物质。养殖三文鱼中常常含有多氯联苯

（polychlorinated biphenyls，尽管它们的生产早在 40 年前就被禁止了），而野生金枪鱼的组织常常富集汞。如果有人太过担心这一切，那他会疯掉的。

对于我们接触的这些化学物质，它们的制造者提出了一些为之辩护的理由，最重要的一条理由通常是，以我们接受的剂量而言，它们不会造成伤害。就像新烟碱一样，通常出现在我们的食物中的量或者在我们的血液或尿液中检测到的量，与能够杀死我们的量相比是微乎其微的（至少在短期内如此），因此我们没有什么好担心的。这种理由的问题在于，我们对农药毒性的理解大多基于短期毒性测试，这种测试通常在仅仅 24 小时或 48 小时内完成。① 只要蜂类、老鼠或鹌鹑在测试结束时还活蹦乱跳，那就算是万事大吉。如果人们特别担心某种化学物质对人类是否安全，那么可以在老鼠身上进行长期慢性暴露测试，这种测试通常持续 90 天。所有这些测试每次都只使用一种化学物质。也就是说我们假设，对人类的影响可以从对老鼠的影响中推断，长期接触几十年的结果可以从几天或几周的短期研究中预测，而接触混合农药"鸡尾酒"的影响可以根据每次接触一种化学品的相关影响研究预测。

经常搬出来为农药辩护的第二个理由是"自然谬误"（nature fallacy）。很多人下意识地认为，自然是好的代名词，而不自然

---

① 令人惊讶的是，化妆品和其他日常家居用品中使用的许多化学品从未进行过任何形式的安全测试。

的（例如合成化学品）就是坏的。遵循这一原则，有机农民可以使用自然产生的农药，例如除虫菊酯，这是一类从菊花中提取的化学物质，但人们不允许有机农民使用除虫菊酯的合成变体，而许多此类物质已经由传统农民广泛使用了。我看不懂这里面的逻辑。有很多天然存在的化学物质是极其有害的，例如肉毒杆菌毒素、砒霜和尼古丁。实际上，肉毒杆菌毒素和破伤风毒素（破伤风菌自然产生的毒素）是人类已知的两种毒性最强的化合物。我们在前面说过，植物进化出了各种各样的化学物质来抵御食草动物，例如卷心菜中的芥子油苷，所以我们经常吃的很多食物都含有天然毒素。反之，一些人造化学物质非常宝贵，例如自亚历山大·弗莱明（Alexander Fleming）发现天然青霉素以来人类开发的许多合成抗生素。天然的并不一定就是好的，天然农药也并不肯定比人造农药好。这一点常常被有些人用来抨击他们难以理解的有机运动，这令人遗憾，因为这根本没有抓住有机农业的重点。有机农民非常努力地不使用任何农药。在英国，如果有机农民想要使用除虫菊酯，他必须向土壤协会（Soil Association）①申请书面许可，并提供详细计划，说明自己打算如何最大限度地降低给授粉昆虫带来的风险。与每年喷洒数十种农药的传统耕地或园艺作物相比，大多数有机作物根本不喷洒任何农药。这是关键的区别。

① 英国有机种植者的监管机构。

回到"自然谬误"。这个观点认为，天然毒素和合成毒素一样糟糕，因此我们不应该担心接触到人工合成的毒素。我相信你不需要我来指出这个论点无法令人信服。一些自然产生的化学物质可能对人的健康有害，并不意味着大量增添额外的合成化学物质不会让情况变得更糟。再想想这一点：几十年来，合成农药杀死了数十万农场工人。据我所知，没有一位有机农民死于接触他们极少使用的种类有限的化学物质。

如果所有这些都没能让你相信尿出除草剂没什么大不了，那么来看看为农药辩护的最后陈词：发达国家居民的预期寿命比以往任何时候都高。既然我们大多数人都能活到80多岁，那么摄入这些化学物质就不可能那么糟糕。这一观点的逻辑性也十分薄弱。当然，我们的寿命比过去更长了，但这显然是医疗保障的大规模改善、更严格的卫生和安全法规、稳定的食物供应，以及许多其他因素带来的。在英国，现在很少有人死于分娩、饥饿、霍乱，或者意外被卷入蒸汽动力脱粒机。没有人知道，如果我们不接触农药、邻苯二甲酸盐的话，会不会活得更长。一些人怀疑，帕金森病和阿尔茨海默病等神经退行性疾病的增加是长期接触神经毒性杀虫剂导致的。也许儿童注意力缺陷多动障碍（ADHD）等行为障碍的增加也是因为这些毒素。实验发现，在小鼠体内，新烟碱类物质吡虫啉能够促进体重增加，所以这可能是导致全球肥胖症流行的因素之一。我们不知道，就是不知道。出于显而易见的原因，我们不能找来2000个人，然后随机选择其中的一半人，让他们接触农药混合物几十年，与此同时采取某种方式阻止另一半人接触农药，然而这是人们需要真的去做才能获得明确答案的实验（即便真的做了这个实验，如果农药公司不喜欢实验结果，自然还是会想尽办法吹毛求疵）。

相反，流行病学家试图通过跟踪大量人群的成长经历梳理健康状况不佳的原因，以便衡量任何相关因素。从理论上讲，研究人员可以测量一组志愿者一生中接触杀虫剂的状况，找出接触特定化学物质与后来患上的疾病之间的相关性，但是在这些研究中，很难区分相关性和因果关系。例如，假设有人发现，那些食物部分或者全部是有机食品的人（这样接触的农药也比较少）往往活得更久。啊哈，你可能会说，终于有证据了。但这当然不是证据。那些吃有机食品的人（据推测）往往吃肉较少，吃的豆腐更多，他们来自安全的中产阶级社区，更有健康意识，锻炼得更多，上瑜伽课，做更多的黄瓜面部护理。让他们活得更长的原因可能是这些因素中的任何一个，或者实际上是流行病学家没有想到要测量的无数其他相关因素之一。

经常接触这些化学混合物是否对我们有害？因为我们不太可能在短期内拥有明确的答案，所以在我看来，明智的选择似乎是努力将接触降至最低。如果可以的话，购买有机食品，如果有空间的话就自己种，不要吃土耳其葡萄。你可能会因此活得更久更健康。听从这个建议吧，即使有一天，我们通过某种方式发现我们对农药和人类健康的所有担忧都毫无根据，那么对你来说最糟糟的问题是，你可能会觉得自己有点傻。即便如此，你还可以安慰自己，通过购买有机产品，你支持了对环境更友好的农业，通过自己种植一些食物，你节省了一些钱，同时获得了一些新鲜空气，还锻炼了身体。作为最糟糕的情况，我觉得这听起来并不太可怕。如果将来科学家发现了接触特定农药和阿尔茨海默病之间的明确联系，你会非常感激自己接受了我的建议。

　　接触农药的最后一条途径是非常难以避免的。你可以自己不使用农药，拒绝往你的狗身上滴神经毒素，主要购买有机食品，但你无法控制你的地方当局在你居住的街道和当地公园做什么。当你走在人行道上或者当地的公园里，或许还带着你的孩子，你可能会遇到一个身背一罐液体的人，他正在用喷嘴将液体喷洒在人行道上。或者你可能会遇到一名市政工人坐在喷雾车上，他驾车驶过，留下一条潮湿的柏油或砾石路面。通常不会有警示布告通知你将要发生什么或者让你远离。就算你幸运地错开了喷药时刻，在我们的所有城镇和村庄，它正在发生的迹象仍然很明显：在整个春季和夏季，小径或道路的边缘、学校操场和公园的边缘，都有一条条黄色枯萎的植被带。我们的城镇可能没有被杀虫剂轰炸，但是会被喷洒大量除草剂（主要是草甘膦）以保持人行道的整洁，防止杂草侵占人行道等。英国公园和花园中的确切用量似乎没有记录，但据最近的一项研究估计，全球每年约有 8 万吨草甘膦用于"非农业用途"。对于一种纯粹用于美化景观的化学物质，这样的用量实在太多了，而且完全没有必要。

25 年前，魁北克的小镇哈德逊（Hudson）出台了一项地方法律，禁止在该镇范围内使用任何农药。由哈德逊带头，今天加拿大有 170 多个城镇不使用农药，包括温哥华和多伦多。加拿大十个省里有八个省也禁止将农药用于美化用途。受此启发，伴随人们对农药安全性的日益关注，世界各地的其他城镇也纷纷效仿。法国如今拥有 900 座无农药城市，包括巴黎。法国政府最近还宣布从 2020 年起引入国家立法，禁止所有农药的非农业使用。

这些城镇并没有崩溃。它们没有被蟑螂、苍蝇和荨麻吞没。我在近些年去过多伦多、哥本哈根和巴黎，这些城市都不使用农药，而且并没有任何迹象表明这会导致害虫或杂草的泛滥。老实说，我有点失望，人行道的裂缝里没有蒲公英钻出来，埃菲尔铁塔没有被攀爬的悬钩子和藤蔓覆盖，而且公园看起来比喷洒了农药的伦敦的公园更整洁。原因在于，如果必须控制杂草的话，实际上有很多不使用农药的有效方法。一些城镇成立了在公园里手工除草的社区小组，这使当地人产生了自豪感和社区感。醋也是一种不错的除草剂，布里斯托尔的部分地区进行了尝试，但是当地一家报纸声称，它让当地闻起来"就像炸鱼薯条店"，这导致这个选项最终被放弃。格拉斯顿伯里镇议会最近禁用了除草剂，在这之前人们成功地尝试了一种热泡沫系统，这种系统使用一种可生物降解的植物提取物作为发泡剂，通过将杂草吞没在热气腾腾的肥皂泡沫中来杀死它们。

在英国，有人发起了城市（例如布莱顿和布里斯托尔）无农药运动，但是还没有一场运动真正达到了目的。这项事业的倡导者是农药行动网络（Pesticide Action Network），一个规模小但见识丰富的组织，可以提供化学农药替代品方面的建议。如果发达国家的主要城市几十年来在不使用农药的情况下一直管理得很好，为什么我们在英国就做不到这一点呢? 除了保护主义和惰性，没有什么能阻止它。如果每个城市、小镇和村庄都没有农药，那不是很好吗?

# 5
## 蜜蜂的嗡嗡声

**制作德国泡菜**

配料：卷心菜（任何脆叶品种），盐

1. 1 千克的卷心菜丢弃萎蔫的外层叶片，切成薄片或细丝，放入碗中。

2. 撒上 15 克盐，然后用手搅拌均匀，挤压和按摩卷心菜约 5 分钟。卷心菜会开始流出一些汁液。

3. 把卷心菜和汁液倒进一个大罐子里，用你的拳头将卷心菜压实。用一块干净的石头（例如一块大的海滩鹅卵石）将卷心菜压下去。用布盖住罐口，然后用绳子扎紧或者用橡皮筋固定。

4. 在阴凉黑暗的地方放置 4~10 天。天然乳酸菌会发酵糖分，令混合物起泡——这是好现象！

5. 吃吧，或者盖上盖子放进冰箱——德国泡菜可以保存数月之久，而且充满健康的细菌。几乎与任何风味菜肴搭配都很好吃。

　　用不了多久，我们可能就再也不必担心蜜蜂了，帮手就在眼前。蜜蜂可能很快就会变得多余，因为它们即将被机器人取代。不，我是认真的。当我写到这里的时候，从日本到印度尼西亚再到美国，遥远国度的科学家团队正在研究此类课题。最近几年，他们真的发表了很多科学论文，讨论制造微型飞行机器人取代蜜蜂并为作物授粉的可能性。笨拙的原型机已经过测试，有些似乎能够发挥一定的作用，尽管大多数仍然依赖人类的远程控制，而且有的机器人似乎更有可能用自己微小的转子刀片切碎花朵而不是为它们授粉。尽管有这些缺点，但媒体报道似乎已经预示了即将来临的蜜蜂退休以及一个美丽新世界，在这个世界里，金属和塑料材质的微型无人机嗡嗡叫着从一朵花飞到另一朵花。如果农作物可以通过这种方式授粉，那么农民们就不必担心自己使用的杀虫剂会伤害蜜蜂。随着野生蜜蜂数量的减少，也许这些微型机器人就是解决方案？

　　虽然我能够理解尝试创造机器人蜜蜂带来的智力方面的乐趣和挑战，但是我认为，我们不可能创造出像蜜蜂一样廉价（免费）又高效的东西。蜜蜂存在并为花朵授粉的历史已经超过1.2亿年，进化随机地修修补补，使它们变得非常擅长做这件事。认为我们能够复制或者改进它们的这种想法非常狂妄自大。仅仅考虑一下数字：全世界有大约 8000 万个蜂箱，每个蜂箱在整个春季和夏季含有大约 4 万只工蜂。所有这些加起来，差不多是 3.2 万亿只蜜蜂。它们养活自己不用花钱，繁殖不用花钱，甚至还给我们蜂蜜作为额外福利。用机器人替换它们的成本会是多少？即便能研制出机器人，加上充电电池组和控制装置，假设每个机器人的成本是 1 便士（这似乎乐观得不可思议），制造它们也需要 320 亿英镑。它们能用多久？有些会发生故障，有些会被雨困住或者迷路，有些会被风、蜘蛛网或者好奇的蜂虎弄坏。如果我们非常乐观地将一只机器蜜蜂的寿命计算为一年，那就意味着每年要花费 320 亿英镑（并持续丢弃数万亿个微型机器人，把环境弄得乱七八糟，除非它们是用可生物降解的材料制作的）。制造它们的环境成本呢？它们需要多少资源，会留下多少碳足迹，需要多少能源提供动力？当恐怖分子侵入无人机控制系统，用它们来对付我们时，会发生什么？真正的蜜蜂避免了所有这些问题，它们自我复制，自我行使功能，基本上是碳中和的，而且在短期内不太可能受到人类的思想控制。

到目前为止，我似乎一直在掩饰另一个至关重要的问题。并非所有授粉都是由蜜蜂完成的。许多其他昆虫也为农作物和野花授粉，包括蝴蝶、甲虫、蛾子、蝇类、黄蜂和叶蜂等。在更有异国情调的气候区，蜂鸟、鹦鹉和蝙蝠会来帮忙，甚至蜥蜴和袋鼩偶尔也会加入。这些授粉者形态和大小不一，适合不同种类的花。按照平均值来说，蜜蜂最多为英国各类农作物的授粉做出了

1/3 的贡献，据计算英国还有 4000 个其他授粉物种。所以我们不只是需要替换 3.2 万亿只蜜蜂，我们还要替换无数只其他授粉者。这一切都是为了取代目前免费满足我们以及无数野生植物授粉需求的动物们。

蜜蜂的衰退是更大问题的征兆。衰退的不只是蜜蜂，在全球性的大规模栖息地丧失和环境污染面前，几乎所有野生动物都在衰退。即便我们能够以足够低的成本制造出切实可用的机器蜜蜂，我们应该这么做吗？如果农民不再需要担心伤害蜜蜂，他们可能会喷洒更多农药，但是生活在农田里的许多其他有益生物会受到伤害，如攻击农作物害虫的瓢虫、食蚜蝇和黄蜂与有助于养分循环并保持土壤健康的蚯蚓、蜣螂和马陆等。我们也要制造机器蚯蚓和瓢虫吗？我们最终会得到一个什么样的世界？面对我们制造出来的问题，当一个简单、自然的方案摆在面前时，我们是否非要寻找技术性解决方案？我们已经有了非常高效的授粉者，我们应照顾它们，而不是为它们的灭亡做打算。

幸运的是，园丁在这方面可以起到至关重要的作用，和大部分农村地区相比，城市郊区对蜜蜂来说可能是个好地方。当然，城市郊区的柏油路面、混凝土和建筑、木板铺面、硬质铺装和砾石区域基本上没有花卉，但是这里有挤满了观赏花卉的花园，它们的隔壁可能是充斥着蒲公英和悬钩子的废弃花园、长满醉鱼草（buddleia）和柳叶菜的空置工业区，以及铺满牛至和川续断（teasel）的铁路路基。在我自己的研究中，我们发现和在农村相比，熊蜂蜂巢在花园里的增长速度快得多，而且花园中熊蜂蜂巢的密度比农田中的大。此外，我们在几年前发现，与农田中的植物相比，花园里的植物授粉状况更好，而且田地附近有花园的农民也会受益，花园外溢的熊蜂会为他们的作物授粉。

萨塞克斯大学的玛吉·库维永（Maggie Couvillon）和弗朗西斯·拉特尼克斯开展了一些引人入胜的研究，这些研究揭示了蜜蜂视角下花园对昆虫的重要性。众多蜂类之中，蜜蜂的独特之处在于，它会跳著名的摇摆舞，[①]通过这种舞蹈，一只蜜蜂会将优质鲜花的方位传达给自己同巢的伙伴。它会先走直线，兴奋地摆动自己的身体，然后绕回起点。每次绕回去时，它都会在向左转和向右转之间交替，这样它的整个路径就会形成一个"8"字，这个过程可能重复多达 100 次（据推测，这取决于它对自己找到的花有多热情，它还会通过摇摆身体表达这一点）。舞蹈直线部分的长度指示了那片花丛的距离，而这条路径偏离垂直方向的角度指示了那片花丛和太阳目前所在位置的相对角度。所有这些都是在蜂箱内部漆黑一片的环境中完成的。仿佛这还不够令人惊叹一般，如果这段舞蹈是在很长一段时间内完成的，它还会将自己看不见的太阳位置变化考虑在内，逐渐改变行进的角度。

如果蜜蜂被安置在观察蜂箱中（蜂巢被夹在玻璃板之间，让

---

① 摇摆舞在 1927 年首次得到奥地利科学家卡尔·冯·弗里希（Karl von Frisch）的解释，但是它在这很早之前就被观察到了。在弗里希做出解释的 100 年前，尼古拉斯·安霍奇（Nicholas Unhoch）描述了这种舞蹈，他认为蜜蜂跳这种舞是因为它们沉醉于"愉悦和欢快"。

人可以观察蜜蜂如何活动），那么人类就可以解码这些舞蹈，计算出蜜蜂试图召集同巢伙伴前往的位置。正如你可能想到的那样，这是一项非常乏味的工作，因为观察者必须连续几个小时坐在原地，用尺子和量角器测量每一段摇摆舞的长度和角度。在连续三年的春末和夏季，玛吉和一群本科生助手都干了几周这样的事情，记录下了布莱顿郊外萨塞克斯大学校园内的蜜蜂种群跳的5000多段摇摆舞。每段舞蹈指示的位置都被标在一张当地地图上，以查看蜜蜂招募它们的同巢伙伴去了哪些地方。结果令人着迷。在春天，这些蜜蜂根本不会走远，基本上待在距离蜂箱600米范围以内，主要在大学校园和隔壁的法尔默村（Falmer）觅食。在秋天，觅食距离也相当短，可能是因为很多蜜蜂的食物来源是常春藤①，而这种植物在校园和周围的树林里很常见。相比之下，蜜蜂在夏天似乎必须走得更远才能找到食物。有些蜜蜂前往东南方向的城堡山（Castle Hill）觅食，这是一个美丽的白垩土草地自然保护区，距离校园大约2.5公里，而其他许多蜜蜂则前往布莱顿及其郊区觅食，其中一些长途跋涉了三四公里，造访花园和公园。我要强调的是，花园对蜜蜂来说已经是非常有吸引力的生

---

① 常春藤是一种不受重视，有时还会被诋毁的植物。它常常被指责破坏砖墙（这在某种程度上是真的）和扼杀树木（这不是真的），但从积极的一面来看，它不起眼的绿色小花对很多昆虫极具吸引力，浆果是鸟类的冬季食物来源，茂密的叶片为许多鸟类提供了理想的栖息和筑巢地点，还为昆虫如可爱的钩粉蝶（brimstone butterfly）提供了冬眠场所。它还被巧妙地用来命名了一种常春藤蜂（*Colletes hederae*，英文名 ivy bee），是这种蜂仅有的食料植物之一。这是一种漂亮的条纹小蜜蜂，在2001年从欧洲大陆入侵英国，此后在英国南部变得十分常见。

境，值得它们飞 4 公里前去觅食。然而，我们园丁不应该自满，因为总有改进的空间，考虑到蜜蜂在农业化乡村所面临的问题，它们需要所有能够获得的帮助。

也许部分原因是人们越来越意识到城镇拥有大量的花。最近一些年，人们对城市养蜂的兴趣出现了巨大的增长。我认为，另一部分因素是媒体对蜜蜂衰退的报道和公众提供帮助的意愿。从事养蜂似乎是增加当地蜜蜂数量的一种显而易见的方式，近些年来，各地的养蜂协会迎来了大量想要参加养蜂培训课程的新人，简直令人应接不暇。事实证明，养蜂新手在城市尤其多见，这可能是受到了新闻报道的鼓励。有报道称，设置在伦敦市中心和阿姆斯特丹等欧洲城市以及亚拉巴马州伯明翰市等美国城市的蜂箱，其蜂蜜产量比设置在乡村的蜂箱高得多。一些养蜂人每年每个蜂箱的产量高达 36 千克，是乡村蜂箱平均产量的两倍多（后者通常生产约 11 千克，但因天气和地点而异，而且差别很大）。由于这股城市养蜂热潮，现在有一些蜂箱出现在了时尚酒店、画廊和餐厅的楼顶，甚至是蛋奶沙司工厂的楼顶。在美国，副总统夫人凯伦·彭斯（Karen Pence）最近① 宣布，她将尽自己的一份力量，在华盛顿特区的副总统花园里养蜜蜂。我猜彭斯的花园可能很大，但城市蜂箱完全可以放置在小花园的地面上，只要蜂箱周围有高高的围栏或绿篱，迫使蜜蜂先向上飞再飞走觅食，就可

---

① 此事发生于 2017 年。——编者注

以避免蜂群低飞打扰邻居。所以，没有什么可以阻止你，无论你住在哪里，只要你拥有某种形式的花园、庭院、阳台或者屋顶空间，你就可以养蜜蜂。如果你嫌麻烦或者没有时间亲自了解和照顾蜜蜂，但又喜欢将蜜蜂留在自己的花园里或者酒店楼顶上，那么伦敦有一些公司可以收费租给你一两个蜂箱，为你安装和维护它们，并给你一份它们生产的蜂蜜。甚至有一种说法，食用自己或者当地生产的蜂蜜可以有效治疗花粉过敏。我没有看到支持这一观点的充分证据，而且这也不是很合理，因为蜜蜂造访的植物大多不是会导致花粉过敏的风媒植物，但是也许其中有某种因素吧。

无论根本原因是什么，伦敦的注册蜂箱数量在 2008 年至 2013 年增长了一倍还多，从 1677 个增加到约 3500 个，大约每平方千米就有 1 个蜂巢，是英国全国平均水平的约 10 倍。从银行业到蜜蜂，英国首都在所有领域都处于领先地位。这对蜜蜂来说应该是很好的消息。

或许并不是。弗朗西斯·拉特尼克斯最近在《生物学家》（*Biologist*）上发表了一篇文章，他指出现在伦敦的蜜蜂可能太多了。2013 年的一项蜂蜜产量调查显示，伦敦蜂箱的产量已经下降到每个蜂箱平均 8 千克，低于当年全国平均产量 11 千克。原因非常明显。产生花蜜和花粉的花朵只有这么多，蜂箱数量的增加并未伴随花朵数量的增加。据弗朗西斯的同事卡琳·奥尔顿（Karin Alton）计算，在整个春季和夏季，每个蜂箱需要的植物相当于 1 公顷的琉璃苣（这种植物是蜜蜂良好的食物来源），几乎没有房主或蛋奶沙司制造商能够提供这些资源。因此，在不能提供足够花朵的情况下设置蜂箱，相当于每个额外的养蜂人都在争夺有限的花蜜和花粉供应。饲养蜜蜂本身并不会帮助这些蜜蜂，这甚至是在主动伤害它们。

蜂箱的过剩不只是蜜蜂及其主人的问题，也可能给生活在我们城市里的野生授粉者造成麻烦。依赖花卉资源的不是只有蜜蜂。有大量证据表明，野生熊蜂在蜜蜂过多的地方生活得很差。熊蜂工蜂往往比较小，蜂巢增长较慢。这大概是因为对食物的竞争，但蜜蜂也会将疾病传播给野生蜂类，特别是当业余养蜂人开始对自己的最新爱好失去兴趣，对蜂群维护不善时。畸翅病毒（deformed wing virus）和来自亚洲的入侵物种消化道寄生虫微孢子虫（*Nosema ceranae*）等病原体往往会从蜜蜂流入野生蜂类种群，通过它们共享的花传播，就像如果我们直接对着瓶口喝同一瓶葡萄酒的话，也可能传播人类的疾病一样。一个薰衣草灌丛如果被嗡嗡作响的多个蜂类物种造访，就可能成为疾病传播的温床。

简而言之，我们并不能通过鼓励更多的人饲养蜜蜂来解决授粉者在现代世界面临的问题。让我来提出一个有点傻的比喻：假设你在非洲开了一个游猎场，你注意到自己的狮群正在挨饿，然而游猎场里几乎没有羚羊给它们吃了。你会认为解决之道就是引入更多狮子吗？凯伦·彭斯的出发点可能是好的，但她的努力被引导到了错误的方向。她不是一个人。最近有很多"拯救蜜蜂"

的活动促进了养蜂业的发展。合作社集团（Co-op）的"蜂计划"（Plan Bee）似乎基于这样一个前提，即蜜蜂是唯一的蜂类，鼓励旗下所有农场加大养蜂力度以解决蜂类问题。如果蜂类面临的主要问题之一是缺少花，那么养更多蜜蜂并不是解决之道，实际上，这会让事情变得更糟。要想帮助蜂类，种更多花是比养更多蜂好得多的方式。撇开其他一切不谈，种花可以帮助很多物种，不只是蜜蜂。在英国，这可以帮助多达大约4000种本土授粉者。

在前面的章节中，我已经谈到了许多容易种植并且吸引蜜蜂和其他授粉者的植物。如果可以的话，请尝试种植一些适合不同昆虫的花卉。毛地黄和耧斗菜的花较深，适合舌头长的熊蜂，如花园熊蜂（garden bumblebee），薰衣草和荆芥适合舌头较短的熊蜂，而琉璃苣和百里香则非常适合蜜蜂。猪草、欧白芷（angelica）和野胡萝卜的盘状伞形花序对于一些较小的独居蜂、甲虫和食蚜蝇来说非常棒。香忍冬（honeysuckle）和醉鱼草将为蛾子和蝴蝶提供食物。有些植物似乎多多少少对每种授粉者都有吸引力，例如牛至。你能在花园里安排的花卉种类越多，你能取悦的动物就越多。还可以尝试种植多种植物，让它们在一年当中连续开花，从早春的肺草（lungwort）和黄花柳（pussy willow）一直到秋天的紫菀（Michaelmas daisy）、常春藤和景天。当然，除非你有一座很大的花园，否则你不可能一直为所有授粉者提供食物，但不要为此太过紧张。如果你的土地在一段时间内没有太多的花，这些昆虫就会飞到你邻居的花园里，以找到一些东西维持身体运转。如果你能够温和地说服你的邻居，让他们种植几种对蜂类更友好的花，你就很有可能将你的社区变成蜂类的天堂。

除了食物，野生蜂类需要的另一样东西是筑巢场所。就像不同的蜂喜欢不同的花一样，它们对筑巢地点的偏好也大有不同。大多数熊蜂在地下空洞筑巢，通常使用啮齿动物的废弃洞穴。它们是机会主义者，会利用各种人造空间，常常在空心墙里筑巢（从透气砖钻进去），或者钻到铺面木板、露台石板以及花园棚屋地板的下面筑巢。它们需要保温材料——苔藓、细草、毛发或羽毛，而且通常会回收利用上一任洞穴主人做的旧巢。一些熊蜂物种可以在地面以上筑巢，比如使用废弃的鸟巢，或者钻进房檐，在阁楼保温层下筑巢。我听说过一个早期熊蜂蜂巢，它出现在一台废弃的滚筒式烘干机后面积攒的绒毛里。眠熊蜂（tree bumblebee）是2001年才进入英国的新物种，① 它正在繁荣发展，

① 非常幸运的是，2001年，我在新森林边缘的村庄兰德福德（Landford）捉到了英国的第一只眠熊蜂。该物种在欧洲广泛分布，但此前从未在英国有过记录。第一次看见它时，我很困惑，因为这是个独特的物种，拥有栗色的胸部和黑白相间的腹部，很难被误认成英国本土的任何一种熊蜂。我将它送到伦敦自然历史博物馆，确认了它的身份。自那以后，这个物种变得很常见，并向北扩散到苏格兰，甚至跨海抵达马恩岛。我们不知道它一开始是如何跨越英吉利海峡的，据推测这是一次自然入侵，也可能受到了人为的意外协助。我也是第一个在伦敦以北看到这种熊蜂的人，那是在2003年，目击地点位于哈彭登（Harpenden）附近，这让同事们半开玩笑地说，我在衣服口袋里装了一批蜂，把它们散布到了全国各地，但是我可以保证我没有这么做（即使我有这样的打算，蜂也无法在口袋里过得很好）。实际上，我的一位博士生简·斯托特（Jane Stout）1998年在我位于南安普敦的花园里见过一只蜂，根据她的描述，这只蜂的特征与眠熊蜂相符，但是因为没有照片或标本，我当时以为那是她想象出来的。事后看来，在我捉到第一只"官方"眠熊蜂以前，它很可能已经在英格兰南部安静地生活了一段时间。据我们所知，这个物种没有造成任何特定的损害，所以我想我们应该欢迎这些"欧洲移民工人"。

与其他物种的下降趋势截然不同，部分原因可能是它们喜欢在山雀巢箱里筑巢，而英国园丁非常乐于提供大量这种东西。

市面上有很多商业熊蜂巢箱，但它们通常看起来不像是熊蜂在寻找的理想住所。这些巢箱大多数是木制盒子，与山雀巢箱类似，只是人们将它置于地上而不是钉在树上。在调查地面上有筑巢希望的洞穴时，大多数熊蜂蜂后往往在洞穴旁边着陆，然后徒步探索它。按照这种方式，熊蜂很难进入木头盒子侧壁上的一个洞，对于大多数喜欢在地下筑巢的熊蜂物种而言，它看上去并不是很有吸引力。一些设计得更好的熊蜂巢箱试图解决这个问题。堪称其中劳斯莱斯的熊蜂巢箱出自乔治·皮尔金顿（George Pilkington）之手，他是一名永远快乐和自豪的前利物浦警察，现在的工作是建造和销售野生动物用品，包括蚯蚓房、独居蜂旅馆和熊蜂巢箱。他做的箱子，会在一处倾斜的木头表面钻出入口，让熊蜂更容易步行进入。他还详细地建议如何用苔藓来伪装入口，让巢箱看上去更像长满苔藓的斜坡上的老鼠洞，这是熊蜂在自然界很有可能寻找的地方。然而，引诱蜂后进入只完成了任务的一半。除非它们喜欢进去之后发现的东西，否则它们不会在那里停留，因此提供舒适的床铺至关重要。乔治仍然有自己的巧思。他前往挪威见了熊蜂专家阿特尔·梅尔德（Atle Mjelde），后者自 1968 年以来一直在设计熊蜂巢箱，并成功"说服"了大多数挪威熊蜂物种进入它们。阿特尔教乔治如何用木棉（绝不能用棉花，它们会缠住熊蜂）做出一团中间有小洞的软质筑巢材料，然后用一层细干草将它包裹。在乔治设计的熊蜂巢箱里，他将这套舒适的床品放在一层蛭石上，以吸收多余的水分。他很乐意为自己的熊蜂巢箱提供详细的说明书和所有材料——木棉、干草，而且他甚至可以提供浸泡在老鼠尿液中的蛭石，因为提供废弃老鼠窝的真实气味被认为有助于引诱熊蜂。[①] 乔治真的付出了很多努力。在他位于利物浦的自家花园里，他的大部分蜂巢箱都有了住客，根据最新统计，这个比例是 7/10。在挪威，阿特尔说他的蜂巢箱每年的居住率是 50%~100%。

慷慨的乔治给我寄了一个熊蜂巢箱试用。两年前，我小心地将它安装在自己花园的底部，并从我的旧房顶上采集成团的苔藓，制作了一个充满田园风情的覆盖着青苔的斜坡，用来掩饰入口。我仔细地按照说明书做，将木棉卷成一个中空的球，用干草包裹它，然后放在一层散发着啮齿类动物气味的蛭石上。想必没有任何急于孵卵的熊蜂蜂后能抗拒它的魅力吧？从那以后我就一直在等——什么也没有出现，啥也没有，零。我很抱歉，乔治，我真的很希望它能起作用。也许到目前为止我只是运气不好，或者是我的铺巢准备技术不够好。我仍然抱有希望。

我也试过自己制作的各式各样的熊蜂窝。我做了一沓旧木头托板，用阁楼保温材料填充它们之间的空隙，然后用屋面油毡挡住雨水，因为我认为这能够为熊蜂蜂后提供它喜欢的舒适干燥的

---

① 乔治的产品可在线购买，公司名字是"培育自然"（Nurturing Nature）。

空腔。当我建造一座新的花园棚屋时，我在最底层的砖块之间留下一系列空隙，每个空隙都通向一个我在棚屋里面建造的木盒，每个木盒都配备一个带铰链的盖子，让我可以窥视里面正在发生什么。在花园各处，我用旧砖和铺装石板建造了简单的巢室。最近一次清点时，我一共有 35 个不同类型的熊蜂蜂巢，全都配有软质床铺，有些配备了老鼠气味的蛭石，有些没有蛭石，想看看到底会不会有区别。事实证明，木头托板作为筑巢场所很受小林姬鼠（wood mice）的青睐，但似乎对熊蜂没什么吸引力。花园棚屋里的木盒很快就被蜘蛛、鼠妇、蠼螋和更多小林姬鼠占据了。砖块和石板建造的巢室似乎很受蟾蜍、紫步甲（violet ground beetle）和小林姬鼠的青睐，而且有两个巢室经常被鼩鼱占据，当我掀开盖子时，它们就会激动地冲我尖叫。当然，所有这些动物都是受欢迎的，即使它们不是我一开始希望吸引过来的物种。

令人兴奋的是，也出现了一些熊蜂。棚屋里的木盒曾两次被欧洲熊蜂（buff-tail）占据，其中一个蜂巢在相当小的时候就凋亡了，但另一个蜂巢茁壮成长并产生了新的蜂后，直到被一群饥饿的蜡螟幼虫大肆蹂躏。我的一个砖石巢室曾被牧场熊蜂（common carder bumblebee）占据，而它们最后似乎被一只小林姬鼠赶走了，但也有可能是这些熊蜂因为其他原因死亡，让这只小林姬鼠利用了空巢和现成的蜂蜜。四年间我拥有了三个熊蜂蜂巢，其中两个过早死亡，虽然成功率不高，但我会继续努力。也许乔治的蜂巢箱明年最终会被占用。

引诱熊蜂在这些人造小室中筑巢是一件很有趣的事情，如果我们能够切实做到这一点，那对于科学研究来说将会是很棒的事情。我有一个美梦，梦想坐在我棚屋里的野营椅上，观察熊蜂从大约六个蜂巢中进进出出（细想起来，这似乎是个有点古怪的梦）。也许，当我像阿特尔一样将这件事做了50年之后，我的蜂巢箱可能会有一半被占用，但是这似乎不太可能在短期实现。

　　就熊蜂而言，这大概无关紧要。每年，我都会在自己的花园里发现几个天然熊蜂蜂巢。今年，我的一个堆肥堆里出现了一个早期熊蜂蜂巢，还有一个欧洲熊蜂蜂巢正在沿着草坪上一个疑似鼹鼠洞的空腔向下发展，一个牧场熊蜂蜂巢出现在草地上的丛生草里，另一个牧场熊蜂蜂巢出现在一堆被我遗忘的绿篱修剪残枝中，阁楼里还有两个眠熊蜂蜂巢。很可能还有其他熊蜂蜂巢没被我发现。令我印象深刻的是，我的花园（大概所有花园都一样）为熊蜂提供了很多筑巢地点。如果它们不顾一切地想找个地方筑巢，按理说它们应该对我为它们精心建造的住所更感兴趣。如果我在这一点上的判断是正确的，那么尝试制造有效的人造蜂巢箱可能并不是一种帮助熊蜂的非常有效的方式。我建议，不如继续为它们提供大量种类适宜的花卉。

107　　与熊蜂形成鲜明对比的是，为独居蜂提供住所可以是非常有效且充满回报的。"独居蜂"这个词并不是特别严谨，因为在英国，它通常用来指任何既不是蜜蜂也不是熊蜂的蜂类（蜜蜂和熊蜂是群居蜂，生活在群体中，群体里有一只蜂后和它的女儿工蜂）。独居蜂是个概括性的术语，涉及大约250个生活史多样的不同物种，而且令人困惑的是，它还包括一些实际上生活在小群体里严格意义上并非独居的种类，例如尖领淡脉隧蜂（sharp-collared furrow bee）。在筑巢方面，对于怎样才是完美的家，不同的"独居蜂"有着截然不同的想法。有些种类，例如地蜂（mining bee，在英国有不少于67个不同物种），就像你可以从它们的名字上猜到的那样，倾向于在地里挖洞。在我十几岁时，我位于什罗普郡的家里修剪整齐的草坪是数百只黄褐地蜂的家。每只雌蜂都会挖掘自己的垂直地洞，形成一堆泥土颗粒，仿佛草坪上的一座微型火山。我以前喜欢往这些洞里瞅，因为在不出去觅食的时候，雌蜂会坐在巢穴入口处抬头向上看，想必是在保卫自己的巢穴，以防巢寄生蜂（cuckoo bee）或者其他黄褐地蜂偷走自己的家。其他地蜂似乎更喜欢在裸土中做巢，农田车轮轨迹的边缘颇受它们喜爱。即便是真正的独居物种，似乎也会紧密地聚集在一起筑巢，尽管目前还不清楚这是因为适合做巢的区域很少，所以它们不得不挤在一起，还是因为它们从集体筑巢中获得了一些好处（我猜是后者）。这些巢穴聚集处可能会挤满忙碌的蜂类物种，有时它们的数量如此之多，以至于让公众警觉起来。常春藤蜂似乎常常以很高的密度筑巢，而成堆的蜂巢吸引了大量寻找交配机会的雄蜂。雄蜂在可怜的雌蜂进入蜂巢时抓住它们，有时多只雄蜂会在疯狂的欲望下围绕雌蜂团成一个球。养蜂人有时会被叫来对付这些"蜂群"，但是他们几乎什么也做不了，

108

实际上也没有什么需要做的。常春藤蜂完全无害，人可以站在这些繁忙的蜂巢中央，它们根本不会理睬你。弗朗西斯·拉特尼克斯曾捉住一些雌蜂，迫使它们蜇自己，但他说它们的刺很难穿透人的皮肤，蜇的时候几乎令人察觉不到。

其他独居蜂更喜欢在地面上方的水平孔洞中筑巢，例如甲虫在枯树上挖出的洞，或者月季、悬钩子、接骨木或覆盆子等植物的中空茎干。一些壁蜂会在旧墙壁的软化砂浆里挖洞，在自然界则利用陡峭的黏土河岸和砂岩悬崖。一些独居蜂有更特别的住宿要求。包括非常漂亮的红尾壁蜂（red-tailed mason bee）在内，有三个壁蜂类物种只在废弃的蜗牛壳里筑巢，它们更喜欢中等大小的蜗牛壳，例如葱蜗牛（Cepaea，花园里常见的颜色各异、常常带有条纹的蜗牛）。在蜗牛壳里储存花粉并产卵后，雌性红尾壁蜂将花费数小时小心翼翼地将蜗牛壳藏在它收集的一小堆草和树叶下面，想必是为了防止自己的巢穴被其他壁蜂偷走或者遭到寄生蜂等天敌的攻击。我看着这些蜂费力地在地面上拖拽和翻滚它们选中的比自己大得多的蜗牛壳，几个小时只能移动几厘米。他们都说，对于房地产，位置就是一切。我不清楚蜗牛壳最终的位置和一开始的位置相比有什么更好的地方，但是想必这种蜂正在寻找某种我觉察不到的东西。

为地蜂增加筑巢机会并非易事。我曾经试着刮掉我家草地上的小块植被，留出一片片裸露的红色黏土，希望地蜂会受到诱惑，但是并不成功。我为我最小的儿子做的一个现已废弃的沙坑

109

似乎效果更好——有几只分舌花蜂（plasterer bee）和黄带淡脉隧蜂（furrow bee）在里面挖洞。我还将空的葱蜗牛壳撒在沙子上，因为我想将红尾壁蜂吸引到花园里来，但我只是在碰运气，因为它们往往主要出现在白垩土地区，例如往南大约 10 公里远的南唐斯（South Downs）。另外，为壁蜂提供筑巢场地似乎效果相当好。壁蜂似乎特别容易被引诱入人造洞穴，它们需要的只是一个直径约 8 毫米、大致水平的孔洞。添加一些稍小的洞，还可以吸引其他一些蜂类和黄蜂物种，例如面花蜂（yellow-faced bee），身体细长、黄黑相间的蜾蠃（mason wasp，它们在巢穴里储备毛毛虫作为食物），甚至可能是身体更小、红黑相间的泥蜂（sphecid wasp，它们往往在巢穴里储备微型蝇类或蜘蛛）。[①] 这些动物通常不关心洞是圆的还是方的，也不关心它的材质是木头、玻璃还是塑料，尽管有人说透气天然材料的效果更好。如果你用铅笔在花艺师使用的绿色泡沫状花泥上戳几个洞，壁蜂会很高兴地在里面做巢。或者你可以简单地在任何现存的木质结构上钻孔，例如栅栏柱、花园棚屋的木质角柱，或者枯树树干。我最近在用于堆肥的木托板上钻了一些洞，似乎起到了作用。在合理的范围内，洞越深越好，这些蜂肯定能使用深达 20 厘米的洞，这是我最长的钻头所能达到的最大深度。洞穴越深，它们就能安置越多后代。除了钻洞之外，另一种做法是将竹竿切成几段，然后

---

① 很多像这样的独居黄蜂（solitary wasp）在自己的巢穴里储备猎物，它们用蜇刺麻痹猎物，保证自己的后代有一堆鲜活的食物供它们在闲暇时食用。

捆绑成束。无论这些洞是用什么材料做的，似乎都应该设置在阳光充足的地方，最好是在墙上或栅栏上。高度似乎并不重要，地面以上 50 厘米至 3 米之间的任意高度都很合适。

如果你没有亲自打造壁蜂"旅馆"的热情，园艺中心和线上商店有几十种款式出售。有些很管用，有些就未必。悲哀的事实是，野生动物用品常常没有得到充分的研究，它们的设计更多的是为了吸引人类的眼球，而不是目标住客。一个常见的错误是洞太宽了。作为礼物，我曾得到一个蜂类旅馆，它的洞宽全都是 12 毫米。没有蜂类靠近它，因为它们更喜欢贴身型住宿，宽敞的住所不适合它们。一些"旅馆"是用竹竿制作的，但是制造商没有注意避开或者钻透竹节，而竹竿里的孔洞会在竹节处被阻隔，于是蜂类没法钻到深处。乔治·皮尔金顿还批评了另外一些款式，它们对竹子的切割不够干净或者钻孔不够光滑，令边缘参差不齐，他说这可能损坏壁蜂的翅膀。当然，他制作和出售自己设计的独居蜂旅馆，而这一次我可以欣慰地报告，它的效果非常好。（如果你好奇的话，我可以说没有从他的销售额中分任何一杯羹，也没有想要当乔治的营销经理。）我将他的一个独居蜂旅馆安装在了我的花园棚屋上，每年春天里面都有很多壁蜂。和我见过的大多数其他款式相比，它有一个巨大的优势，就是它的两边都有一个观察窗。在普通的独居蜂旅馆里，人们可以观看雌蜂进进出出，雄蜂嗅来嗅去寻找配偶，但是人们不知道里面发生的事情。有了观察窗，人们可以密切关注进展，我的孩子也喜欢往里面看。

　　雌性壁蜂首先用它们在花园潮湿角落找到的湿黏土垫在隧道内壁上。它们会将这些黏土搓成小球，然后放入上颚携带。在干燥的天气下，它们很难找到合适的潮湿泥巴，我帮了它们一把，在一辆旧手推车里制造了湿润土壤和水的混合物。然后，这些壁蜂会在它们的巢里储备一堆松散的花粉，这是它们用自己腹部的软毛采集的（它们的腿上不像蜜蜂和熊蜂那样有花粉篮）。然后它们产下一枚看起来像白色微型香肠的卵，用一堵泥墙封住这一段隧道，接着再重复这一过程。在一条很深的隧道里，它们最终可能会产下 15 枚或更多卵，最后用一个坚固的硬化泥块密封隧道入口。这些卵迅速孵化，产生的白色幼虫很快就会因为储存在隧道里的花粉长胖。经过仅仅一个月左右的时间，它们就会完全长大，结出棕色的茧，在里面化蛹。壁蜂每年只有一代，所以它们会在里面静静地等待 9 个月，贯穿夏天、秋天和冬天，直到第二年春天才以成虫形态钻出来。我猜壁蜂应该没有幽闭恐惧症，因为最年长的壁蜂被困在十几个或更多兄弟姐妹下面，没有丝毫逃脱的机会。如果任何一只靠近洞口的壁蜂死亡，它下面的壁蜂也注定会死，除非它们能够以某种方式挖穿同胞兄弟姐妹的尸体钻出来。

　　壁蜂在一年中展翅的时间较早，主要是从 4 月到 6 月，它们是春季果树（例如我的苹果树）的出色授粉者，对于你为它们提供家园所做出的努力，这是相当大的回报。当年晚些时候，任何空置的洞穴都会被切叶蜂占据，它们是壁蜂的近亲，但是会从植物叶片上切取半圆形小片衬垫自己的巢穴（而不是用泥巴），因此得名。和壁蜂一样，这些可爱的蜂也在毛茸茸的肚子上收集花粉，而且它们有一个可爱又奇怪的习惯，那就是在访花进食的同时会在空中摆动自己的腹部。一些切叶蜂物种的雄蜂有多毛的前腿，在交配时用来遮盖配偶的眼睛。雌蜂从叶片上切下整齐的半圆形小片（特别喜欢我花园里的月季和紫丁香），然后用下颚将这些小片带回巢穴，再用丝将它们粘起来。

和很多昆虫一样，壁蜂和切叶蜂的雄蜂先于雌蜂出现。在年轻的雌蜂出来之前，雄蜂有几天辨明自身方位的时间。因此，在产卵时，雌蜂总是确保自己在隧道底部产下的头一批卵是雌性，然后在顶部产雄性卵。① 她还为雌性卵提供了更多食物，因为它们需要变得更大，这样它们自己才能产下大量的卵（与许多哺乳动物不同，昆虫的另一个普遍特征是雌性往往比雄性大）。靠近入口对我们而言可能更让人高兴，但这实际上是在将年轻雄性置于巨大的危险之中。在我的花园里，我的很多壁蜂都被大斑啄木鸟（great spotted woodpecker）吃掉了，它们很久之前就掌握了我的大多数独居蜂旅馆的位置。对它们来说，一个独居蜂旅馆就像一管巧克力豆，是一年当中任何时候都能吃到的美味小吃，特别

---

① 如果卵受精，它就会变成雌性，如果没有受精，它就注定是雄性。一旦交配，雌蜂就可以用储存在自己体内的精子控制每一枚卵是否受精，从而决定每个后代的性别。

是在日子艰难的冬天。啄木鸟是从深洞里挖出昆虫的行家里手。如果有必要的话，它们可以用喙凿碎木头，它们的头骨构造特殊，可以吸收冲击力以防大脑损伤。但是捕捉壁蜂或切叶蜂不需要它们这么干，因为它们还有极长的舌头，舌头尖端有倒刺。和我们的舌头不同，鸟类的舌头是含有软骨和骨头的半刚性结构。啄木鸟的舌头是如此之长，以至于从口的喉部伸出后从外侧围绕头骨，绕过头顶后再从两眼之间向下一直伸进鼻腔。我曾读到过113这方面的内容，但最近有机会进行了第一手研究，因为有一只大斑啄木鸟直接撞上了我的卧室窗户，当场殒命（很显然，头骨的防震功能并不是万无一失的）。我用了一把钳子才把它尖尖的舌头完全拔出来，它的长度是喙的3倍，约6厘米长，这意味着洞穴如果被发现，最外面的五六只壁蜂毫无生还机会。当我在软木或其他软质材料上制作壁蜂洞穴时，这种鸟会将材料啄开以扩大洞穴，吃掉深处更多汁的雌性壁蜂后代。它们是强大到令人惊讶的野兽。我用坚固的竹子建造的独居蜂旅馆最后被饥饿的啄木鸟拆得七零八落。旅馆上的铁丝网在一定程度上起到加固作用，但不能完全挫败它们。

我必须承认，我没有尽最大努力去阻止它们。我喜欢蜂，但啄木鸟也是很棒的动物，它们需要吃东西。我试着把隧道挖得尽可能深，而且我的很多独居蜂旅馆是在硬橡木上钻出来的，只要保证大多数雌蜂存活下来，那么只需要有一只或两只幸存雄蜂与它们交配，就能让种群维持规模。无论如何，啄木鸟并不能找到每一个洞。乔治所设计的带观察窗的独居蜂旅馆表明，壁蜂有一种提高后代生存机会的策略。除了制造里面有多汁幼虫的巢穴之外，对于它们并不使用的隧道，这种蜂也常常堵住入口。目前还不清楚它们为什么这样做，可能它们只是把洞留下来供以后使用，但是还没来得及用就死了；也可能它们是在有意阻止啄木鸟和其他捕食者。啄木鸟从外面看不出哪个堵住的洞后面有幼虫，所以它们常常可能钻穿硬化的泥塞，却发现里面是空的。也许它们会因为失败次数太多而沮丧，于是决定放弃，令一些壁蜂存活下来。

114 对我来说，同样的不干涉主义也适用于壁蜂和切叶蜂的其他天敌。如果幸运的话，你可能会看到一只红尾青蜂（ruby-tailed wasp）在你的独居蜂旅馆周围神经质地蹦蹦跳跳。这些不到 1 厘米长的小动物是所有昆虫中最美丽的，拥有散发金属光泽的翡翠绿色头部和胸部，以及红宝石色的腹部，在阳光直射下，它们就像珠宝一样闪闪发光。等雌性壁蜂外出觅食，它们就冲进来，用一根可伸缩的产卵管将一枚卵注入最外层的一段隧道。孵出的后代等待着时机，到宿主幼虫靠花粉储备吃得白白胖胖之后，再慢慢地吃掉它。如果壁蜂返回，将红尾青蜂抓个现行，红尾青蜂就会蜷起身子。它的腹部有一个凹陷的底面，头部和胸部与之吻合，因此可以蜷成一个整齐的球。红尾青蜂的背部又有厚厚的铠甲，所以除了将完好无损的入侵者扔出巢穴之外，愤怒的宿主无能为力，而一有机会入侵者就很有可能偷偷跑回来。

切叶蜂还会受到尖腹蜂（sharp-tailed bee）的攻击，这是一种巢寄生蜂，它用尖尖的尾巴切开叶片塞子，将一枚卵插入最近修建的宿主小室内。红尾青蜂和大部分黄蜂一样是肉食性动物，但是尖腹蜂和红尾青蜂不同，它们对宿主的食物储备更感兴趣。卵迅速孵化，由此产生的微型幼虫有长长的弧形下颚，用来杀死宿主幼虫。然后，它自己去吃宿主的食物，并伴随着生长失去硕大的下颚（它也不再需要了）。尖腹蜂相当稀少，而红尾青蜂漂亮得令人叹为观止，当然不能因为它们邪恶的生活史而拒绝在花园里给它们留出应有的位置。但是如果你接受这一观点，那么我们要如何对待常常滋扰壁蜂巢穴的微型螨类（蜱的近亲）呢？很多螨类物种出现在不同类型的蜂身上，有些螨类非常小，肉眼看不到。在显微镜下，这些形似蜘蛛的矮胖野兽在大多数人看来相当令人反感。壁蜂身上最常见的螨类是克氏囊寄生螨（pollen mite），它们搭成年蜂的便车，然后跳进巢穴里的花粉储备库。有时壁蜂可能会被严重感染，身体被数千只微型螨虫盖得严严实实，于是会花很多时间试图把它们清理掉。虽然看到它们会让我起鸡皮疙瘩，但这些螨虫实际上并不以蜂类为食，也不直接伤害蜂类，只是会让它的身体变得沉重。一旦进入花粉储备库，蜂类幼虫和螨虫就开始争夺这些食物。如果螨虫的数量不太多，幼虫通常会获得大部分食物，可以长得足够大并成功化蛹。在螨虫侵扰严重的情况下，或者如果蜂类幼虫患病或因为其他原因未能发育，螨虫就会大量滋生，用数万只后代填满衬垫着泥巴的小室。

在带观察窗的独居蜂旅馆里，很容易在秋天看到这些小室的内部情况：里面没有巧克力棕色的茧，而是似乎有一团浓密的粉褐色孢子，每个孢子都是一只休眠螨虫，等待机会感染新的壁蜂巢穴。任何在春天从下面钻上来的壁蜂都必须从这团微型寄生动物之中钻出去，不可避免地被严重感染，继续这一循环。

阻止克氏囊寄生螨侵扰你的独居蜂旅馆，这多多少少是不可能完成的任务。这种螨虫会在蜂类交配时从一只蜂跳到另一只蜂上，还会跳到花上，然后等待另一只蜂前来，所以大多数壁蜂身上都有一些螨虫。在原地放置几年的独居蜂旅馆不可避免地会有很多螨虫，有时会严重到没有多少壁蜂后代能够存活，令壁蜂种群崩溃。如果螨虫没有找上它们，则很可能会爆发寄生蜂。和大多数野生动物一样，壁蜂的生活充满危险。

116　　一些人质疑，独居蜂旅馆将大量蜂巢集中在一个地方，从而为寄生虫和疾病的爆发提供了完美的条件，是否弊大于利？多伦多约克大学的 J. 斯科特·麦西尔（J. Scott Macivor）发现，在郊区设置蜂类旅馆往往会同时吸引非本土（因此是不受欢迎的）和本土的蜜蜂和黄蜂物种。[①] 那么，我们是否都应该急于建造蜂类旅馆，并鼓励其他人也这样做呢？事实是，我们不确定它们对我们的野生蜂类的净影响是什么。这当然需要更多的研究。与此同

---

① 在 20 世纪，为了促进作物授粉，至少有 10 种不同的欧洲和亚洲独居蜂被有意引入美洲，主要是切叶蜂和壁蜂。考虑到北美大约有 4000 种本土蜂类物种，人们可能会合理地认为，它们加在一起，无须进一步的帮助，也应该能够完成这项工作。

时，人们可以使用几种策略来使收益最大化和风险最小化。首先，你可以向你想吸引的蜂类的天敌发动战争。乔治·皮尔金顿几乎狂热地痴迷于照顾他的壁蜂，任何人只要购买了他的独居蜂旅馆，都会得到详细的建议，了解如何最大限度地降低蜂类被啄木鸟吃掉、被寄生蜂攻击或者被螨虫侵扰的风险。某些蜂类旅馆（例如乔治制造的款式）的设计特点是，一旦蜂类幼虫在它们吐丝而成的茧内化蛹，就可以将它们拆开，然后将茧取出，轻轻地清除螨虫，再将它们储存到安全地点越冬（对于购买他所制造的独居蜂旅馆的人，他可以传授一种清除螨虫的特别技巧——我向他起誓要保密）。独居蜂旅馆本身可以消毒，以杀灭任何螨虫或病原体。这样，你就可以阻止害虫年复一年地增加，也只有如此才有可能建立庞大的壁蜂种群。这很好，但是在我看来有点强迫症（抱歉，乔治）。螨类、寄生蜂、巢寄生蜂，甚至病原真菌都有自己的位置，而壁蜂并不会自然地大量出现在某个地方，因为这些生物限制了壁蜂的规模。另一种方法很简单，不建造或购买很大的蜂类旅馆，而是将小型蜂类旅店散布在你的花园各处。我随机在我遇到的任何一块木头上钻几个大小不一的洞，将一段段旧竹竿捆成束挂在不同的地方，在旧罐头盒里塞满干燥、中空的猪草茎干，偶尔会购买或者获赠一个蜂类旅馆。我甚至有一块"蜂砖"，也就是一块有洞的砖块，我正在试着把它砌进墙里。对于乔治的独居蜂旅馆，我每年都清理和消毒，将壁蜂储存在我的棚屋里，它们在那里是安全的，不会被啄木鸟找出来吃掉（如果我不这么做的话，我觉得他不会原谅我），但是其他蜂类旅馆我就交给大自然了。啄木鸟会使壁蜂产生数量损失，有时候螨虫也很常见，但是它们似乎仍在发展壮大。当然，这个花园我只照料了五年，所以现在下结论还为时尚早。但是法国南部的一个独居蜂旅馆让我感到振奋，在没有照看或维护的情况下，独居蜂在那里连续居住了将近40年。

我的直觉是，壁蜂和切叶蜂的筑巢场所供应短缺——在现代、整洁的世界，满是洞的枯树并不常见——因此，提供这些筑巢场所很可能利大于弊。如果能确定这一点的话，那就太好了，在此期间，我将计划继续制作它们并把它们挂起来。有一种思路不同的观点支持设置蜂类旅馆，认为它们提供了绝佳的机会，让人近距离接触和了解蜂类，以及在更普遍的意义上，接触和了解自然。正如我在前文提到的那样，我的孩子们喜欢通过"培育自然"盒子上的观察窗观看蜂类幼虫、螨虫或黄蜂的发育过程，在蜂类的展翅季之外，我常常带着整个盒子参加公共活动并展示它，并且发现人们总是为之着迷。即使没有观察窗，很多人也会很高兴地坐在他们的露台上，看着略带红色的小小壁蜂忙着自己的事情，雌蜂试着在巢穴里囤积食物，雄蜂在附近溜达，希望能来一场快速性爱。然后，他们可能会足够幸运地看到切叶蜂将它们切出来的小块叶片拖进洞里。同样的论点可能也适用于在城市里养蜜蜂。在生态学意义上，它们的数量可能太多了，但是它们提供了非常好的工具，可以吸引那些本来不会花太多时间或者根本不会花时间思考自然的人。威斯敏斯特的圣厄明斯酒店（St Ermin's Hotel）既有蜂巢也有一个大型独居蜂旅馆，它们坐落在一个屋顶露台上，就在一扇平板玻璃窗的外面，所以酒店客人可以看到勤勉的蜂类在大约一米开外进进出出，完全不用担心被蜇。在很多客人看来，这是和酒店不太搭调而且令人意想不到的景象，他们常常会停下来看一会儿，然后才被拉回繁忙的城市生活。

位于格林尼治的查尔顿庄园小学（Charlton Manor Primary School）也有蜂箱（以及一些鸡和一块菜圃），尽管这所小学位于人口稠密的城市区域，几乎没有室外空间。养蜂的想法是在一个蜜蜂蜂群①突然造访这座学校时产生的，校长蒂姆·贝克（Tim Baker）注意到，学生们并没有害怕，而是既着迷又镇静。于是他参加了养蜂培训课程。了解清楚了自己正在做的事情后，他安装了第一个蜂箱。我去拜访时，看到了孩子们（其中一些只有七八岁）穿着小小的养蜂工作服照顾蜂箱的样子，真是太棒了。蜜蜂和养蜂已被纳入学校课程，学生们在体育课上练习摇摆舞，在烹饪中使用蜂蜜，在地理课上了解世界各地的蜜蜂，并做起了销售蜂蜜的生意。蒂姆说，蜜蜂甚至帮助改善了顽劣儿童的行

119

---

① 对养蜂人来说，"蜂群"（swarm）一词专门指从旧群体中脱离出来（通常是由于过度拥挤），正在寻找新家的数千只工蜂和一只蜂后。蜂群通常以一团蜜蜂的形式挂在树枝或者其他固体上，同时派出侦察蜂去寻找新的永久筑巢地点，在自然界中可能是某个洞穴或一棵空心的树。蜂群可能会令人望而生畏，但这些蜜蜂体内充满它们储备的蜂蜜，一点也不倾向于蜇人。

为，他们终于在学校找到了自己喜欢和擅长的东西。一名特别有侵略性的孩子不仅学会了养蜂的实际操作，而且他的行为问题也有了巨大的改善。正如学校的园丁乔·斯帕克斯（Jo Sparkes）所说："我们认为，对于自己被赋予的责任，他给出了积极的回应。他不能粗暴地对待蜂箱，因为我们，还有蜜蜂，都需要信任他。"现在，如果每所学校都有一个蜂箱和一两个蜂类旅馆，以及一些为蜂类提供食物的适合它们的花卉，或许再有一片菜圃，让学生们可以观察作物被授粉时的情景以及收获正在生长的果实，那不是很棒吗？也许到那时，所有孩子都可以在成长中认识到这些小生物和我们自己的福祉之间的联系。

我们不需要机器蜜蜂。我们有熊蜂、木蜂（carpenter bee）、巢寄生蜂、毛跗黑条蜂（flower bee）、壁蜂、蜜蜂、隧蜂（sweat bee）、地蜂、长须蜂（longhorn bee）等。我们应该欢迎并鼓励这些不可替代的小生物进入我们的学校、花园和公园，走进我们的内心。

# *6*
# 飞蛾骚乱

## 制作山羊奶酪

配料：山羊奶 5 升，中温发酵剂 1 袋，凝乳酶 4 滴

1. 将山羊奶加温到 29℃，然后加入发酵剂。

2. 30 分钟后，加入凝乳酶，搅拌并盖上盖子。

3. 凝乳凝固后，用长柄勺舀入衬有薄纱棉布的奶酪模具中，放置过夜。

4. 在奶酪表面撒盐，放置 24 小时。

细菌发酵剂和凝乳酶很容易在网上买到，你还可以通过添加香草或者喷洒青霉菌孢子来改变这种简单的奶酪，后者会赋予它毛茸茸的白色表皮并改变它的风味。这听起来好像很复杂，但其实真的是小菜一碟。奶酪小菜。

2016 年 9 月，我收到一封奇怪的电子邮件，一个名叫巴特·范坎普（Bart Van Camp）的比利时人向我询问是否可以来我的花园并在里面捕捉飞蛾。他解释说，在过去的几年里，他一直在比利时科学家、记者、政客和电视名人的花园里诱捕飞蛾。他的使命是强调这种基本上不受待见的昆虫类群的美丽和奇妙，并让那些可能有能力帮助它们的人注意到它们。通过在花园里取样，他还希望人们开始关注我们身边那些不被留意的生物及它们的多样性。巴特想将他的视野拓展到比利时之外的地方，并计划在 2017 年到英国来一次短期旅行。

也许你已经猜到了，我毫不犹豫地接受了他的请求。我知道他是在浪费自己的时间，因为我并不需要别人告诉我蛾子有多棒，但我忍住没告诉他这一点。在很多人看来，蛾子是毫无光彩的棕褐色夜间生物，是令人讨厌的或是邪恶的小野兽，在夏天的傍晚拍打着翅膀飞进房子里，撞向灯具，激起尘土。更糟糕的是，有些蛾子会侵扰我们的衣柜，偷偷地在珍贵的羊绒运动衫或丝巾上啃洞［衣蛾（clothes moth）特别喜欢这些名贵的东西］。这些刻板印象对飞蛾造成了极大的伤害，因为它们实际上是一个极为多样化、美丽并且令人着迷的生物类群，仅英国就有超过 2500 个已知物种。虽然很多蛾子的确是棕褐色的，但是有些种类色彩鲜艳，可以与蝴蝶媲美，比如豹灯蛾或六斑地榆蛾（burnet moth）。就连那些棕褐色的蛾子在仔细观察之下，也常常美丽得令人叹为观止，带有巧克力色、锈橙色、奶油色和浅黄色的斑点、条纹和螺纹，构成精巧的对称图案。很多蛾子有出色的伪装，它们的翅膀或像一片折叠的叶子，或像一片被夏日阳光晒干并褪色的草，或像被地衣覆盖的树皮，从而降低了白天睡觉时被饥饿的鸟发现的可能性。例如，赤荫夜蛾（angle shades moth）的翅膀上印有橄榄绿和棕色相间的三角形图案，为了增加与干枯叶片的相似性，这种蛾子在休息时，翅膀会蜷曲和扭曲，于是当它静静地趴在枯枝落叶之中时，就几乎隐身了。青尺蛾（emerald moth）和银线瘤蛾（silver-line）就像新鲜的绿色叶片，翅膀上的奶油色条纹就像叶脉。有些蛾子在睡觉时显得没有光彩，它们的前翅上是灰色和棕色的斑点和图案，但是在受到惊扰时，它们会扇动彩色的后翅，可能是鲜艳的深红色、橙色、黄色甚至蓝色，这样做是为了惊吓潜在的捕食者，好让自己从容逃脱。另一些种类则避免伪装，转而宣扬自己的无懈可击，例如朱砂蛾（cinnabar moths），这个物种的外表洋红色和黑色相间，以警告捕食者自己是有毒的。朱砂蛾的毛毛虫以千里光（一种植物）为食，成虫会在体内封存来自千里光的有毒生物碱。六斑地榆蛾用同样的颜色宣传自己体内充满氰化氢，它和朱砂蛾在白天都很活跃，因为它们不需要害怕捕食性鸟类。还有些蛾子走虚张声势路线，你也许能从名字猜出来，透翅蛾（hornet moth）长得很像胡蜂（hornet，一种外表凶猛的大型黄蜂），身体表面有黑黄相间的条纹，细长的翅膀没有鳞片，因此是透明的。它没有毒，也没有蜇刺，但是作为一种稀有生物，它的生存依赖于鸟儿误以为它是胡蜂，且永远不会发现它的秘密。

小时候，我曾经用过一个自制的诱捕器，但是我已经很多年没有这么做了，我不知道自己位于萨塞克斯的花园里会藏着什么飞蛾。能有一位专家帮我鉴定它们的种类，这样的机会很诱人（由于物种数量众多，蛾类的鉴定可能很棘手）。于是，在2017年6月中旬的一个周四下午，巴特和他的摄影师朋友罗林坐在一辆露营车里出现了，车里还装满了捕蛾器、发电机、电缆线、网、盆盆罐罐，以及这位昆虫学家的其他装备。最大最好的捕蛾器所使用的是一盏水银蒸汽灯，它发出耀眼的白光，同时也发出大量我们看不见而昆虫能看见的紫外光。巴特有不少于三个这样的大型诱捕器，他把它们摆在我的花园里，形成一个两两相距大约50步的三角形。这些捕蛾器本身的工作方式多多少少有点像是诱捕龙虾的装置：灯位于一个漏斗上方，而漏斗通向一个装有鸡蛋包装纸盒的封闭大空间。从理论上讲，飞蛾撞上灯泡，就会从漏斗里掉下去，然后发现自己无法轻易逃脱，于是在鸡蛋盒里安顿下来过夜。鸡蛋盒为它们提供了有质感的表面供它们依附，以及黑暗、隐蔽的缝隙让它们可以在里面睡觉。这种"捕龙虾装置"的设计远非百分之百有效，有很多蛾子不会掉进去，于是巴特将一张白色旧床单铺在草坪上，然后将捕蛾器设置在床单上方，再在床单上堆放额外的鸡蛋盒。这样一来，没有被捕蛾器捕获的飞蛾可能会在外面安顿下来直到第二天早上，我们会很容易在床单和纸盒里找到它们。

你可能想知道，飞蛾为什么会被灯光吸引？我很想告诉你，但事实是没有人知道确切的答案。当然有一些理论解释了这一问题，但似乎没有一种理论是完全合理的。20世纪70年代，美国昆虫学家菲利普·卡拉汉（Philip Callahan）提出了一种有趣的观点。他发现，一些雌蛾的性激素是发光的，会产生一种有助于吸引雄蛾的微弱红外光。卡拉汉指出，蜡烛的火焰（素有吸引蛾子的恶名）发出的光拥有类似的波长，所以也许烛光会吸引被性欲支配、正在寻找配偶的雄蛾？这是一个有趣的想法，但似乎不太可信，至少是不充分的。首先，尽管被诱捕器吸引的蛾子往往不成比例地以雄蛾居多，但是很多雌蛾也会被捕捉。也许这些是同性恋蛾子？对于这个理论来说，更关键的问题是蛾子最容易受紫外光的吸引，而和雌蛾产生的红外光相比，紫外光在光谱的另一端。无论怎样，大多数蛾类的性激素根本不发光，然而这些蛾子仍然会被灯光吸引。抱歉，菲利普，我觉得这个理论不太说得通。

人们提出的第二种解释是，受惊的飞蛾可能会试图向上飞行以逃走，并将月亮作为向上飞的指向性标记。飞蛾将灯光误认为月亮，所以就会在试图逃走时扑向灯光。我也不相信这种解释，因为我看到过非常镇静和没有受惊的飞蛾颤抖身体慢慢热身，然后飞向最近的光源。另外，向上飞可能是飞蛾在受到攻击时所能做的事中最糟糕的，因为在户外，这样做很容易落入蝙蝠之口。在白天，受惊的飞蛾倾向于水平飞行，然后一头扎进植被躲藏起来。

最流行和最有说服力的解释基于这样一个概念，即蛾子在迁徙时使用月亮导航。一只打算长途直线旅行的飞蛾会按照与月亮的固定角度飞行，并随着夜晚时间的推移和月亮在夜空中的移动，使用自己的某种内部时钟慢慢调整角度。蜜蜂在往返花丛时以类似的方式利用太阳导航。这种理论认为，飞蛾会将明亮的光源误认为月亮，但是因为它距离这些明亮光源很近，而不是在数千英里之外，所以如果它们以直线飞行的话，和光源的相对角度就会非常迅速地变化。为了补偿角度变化，它们的飞行轨迹就会向光源弯曲，按照递减螺旋轨迹飞行，直到撞上灯泡。如果你的几何学知识都忘得差不多了，不妨亲身尝试一下，你不需要使用灯泡，任何静止物体都可以拿来用。找一大片开阔区域，例如你当地的公园，然后在中央放一个物体，比如说一个足球，然后站在一段距离外（可能是 50 米），慢慢地走，与此同时让足球一直保持在你右前方 45 度的位置。你会发现自己的步行轨迹在向右边的足球弯曲，并围着它短暂绕圈，直到撞上它。只要角度小于 90 度，都会是这种情况，在接近 90 度的情况下，你会环绕足球转很多圈才碰到它。转念一想，如果你真的想尝试一下，你大概会想去离家更远、不会被人认出的公园。对于这种费力的解释，很抱歉，我觉得这个理论终究还是有缺陷。据我们所知，大部分蛾类根本不迁徙，特别是很多体形非常小的物种，有些可能永远不会离开出生地超过几米。这

126

样的物种不需要使用月亮导航，然而它们仍然满怀热情地扎进飞蛾诱捕装置。也许它们在短途旅行时也会使用月亮导航，无论如何，这似乎是我们目前拥有的最可信的理论，但如果你有更好的理论，请一定要告诉我。

那是一个平静无风的夏日傍晚，不过有点凉快。巴特和罗林都是不寻常的比利时人，因为他们都不喝啤酒或者任何其他形式的酒精饮料，于是我们坐在外面的野营椅上，一边喝着苹果汁聊天一边等待夜幕降临。幸运的是，他们维持了大家对比利时人的刻板印象，带来了一些非常棒的巧克力。

晚上10点左右，最初的几只飞蛾开始出现。我试图去看它们是什么种类，但是当困惑的蛾子绕着灯转圈时，刺目的灯光让我很难看出除了剪影之外的任何东西。巴特建议不如先睡觉，明天再早起干活才是明智之举。不过很显然，他不喜欢在自己珍贵的捕蛾器运转时远离它们，于是他在它们当中搭起了一顶小帐篷。他解释说，新的欧盟法规现在禁止进口中国生产的水银蒸汽灯，因为它们不够节能。他最近打破了自己的最后一只备用灯泡，所以他如此担忧剩下这三个灯泡也是可以理解的。他不知道要是它们也被打破了自己该怎么办，因为没有其他任何东西可以像这种灯泡那样有效地引诱飞蛾（在制定新的灯泡法规时，这大概不是有关方面考虑的主要因素）。也许在英国脱欧之后，我将能够为他买一些。

我在早上5点前醒来，穿着睡衣冲出去看我们抓到了什么，拖鞋都被沾满露水的草坪浸透了。巴特和罗林是经验丰富的捕蛾者，他们在一小时前天蒙蒙亮时就起床了，但好心地一直等着我，然后我们一起粗略地查看了捕蛾器外面的蛾子。打开捕蛾器让我回想起小时候打开圣诞礼物时感受到的兴奋。期待感和完全不知道可能会出现什么的感觉是美妙的。我们没有失望。捕蛾器外面的床单和鸡蛋盒上到处是蛾子，捕蛾器里面还有几百只。罗林忙着给不同的蛾子拍照。巴特和罗林能够肉眼鉴定大部分物种，但他们喜欢保存每个地点的照片记录。对于无法当场确定的飞蛾，他们会将照片发送给其他专家确定。有几个物种的准确鉴定需要杀死它们并检查它们的生殖器部位，但是巴特和罗林拒绝杀死任何一只蛾子，所以这些肯定永远是谜团了。一旦完成拍照和编目，每只蛾子都会被小心地放入灌木丛，它们在那里会相当安全地待到夜幕降临。我很久以前就发现，最好避免在同一个地方频繁设置捕蛾器，因为当地以昆虫为食的鸟类（如鹪鹩和蓝山雀）很快就会知道在哪里可以找到每天供应的丰盛早餐，并迅速吃掉几乎所有东西，只留下悲哀的成堆的飞蛾翅膀。鹪鹩的身体足够小，可以钻进捕蛾器，却能一次就吃掉数量惊人的蛾子。

当巴特和罗林忙着他们的事情时，我除了兴奋地瞪着眼睛，用手指指这里指指那里之外，并没有帮上什么忙。我的目光首先被天蛾（hawk moth）吸引了。作为一个试图支持这些小动物的人，我却立即被其中最大的种类吸引，这让我对自己有些恼火。我们人类天生就崇拜大尺寸，这是一种尚未被载入法律的歧视形式。但是让我们面对现实吧，天蛾实在是太美妙了。为防你不幸到从未见过天蛾，我有必要在这里解释一下，天蛾是最大的蛾类之一，[1] 拥有子弹形状的结实且毛茸茸的身体、大眼睛，以及细长的锐尖翅膀。它们飞得很快，有些天蛾经常从遥远的北非迁徙到英国。在这些旅程中，它们会停下来在花冠深的花中觅食，如香忍冬、薰衣草和马鞭草。它们悬停在花朵前方，展开卷曲的长喙，深入花的蜜腺中。如果一只这样的野兽在夜晚闯进你的房子，那动静听起来就像是一架小型直升机要降落。

在第一个捕蛾器里有一只杨天蛾（poplar hawk moth），这是一种漂亮的灰色生物，翅膀边缘呈圆齿状，趴着的姿势很奇特，后翅放在前翅前面，让它看起来像一块破树皮。还有不少于 5 只象天蛾（elephant hawk moth）。它们并没有你根据名字推断的那样巨大，[2] 但是身体呈优雅的艳红色和橄榄绿色，还有白色镶边。很少有生物比它更美丽。当我哄诱一只象天蛾趴在我手上时，我

<sub>128</sub>

———————————

[1] 乌桕天蚕蛾（atlas moth）是一种来自亚洲的天蚕蛾，长期以来一直被认为是全世界最大的飞蛾，翼展长达 25 厘米，但最近有消息称，它在新几内亚和澳大利亚北部的近亲大力神天蚕蛾（Hercules moth）体形稍大一些，翼展达到了 27 厘米。在英国，最大的蛾子是白薯天蛾（convolvulus hawk moth），它是来自南欧的罕见移民，翼展 10 厘米。

[2] 这个名字实际上来自这种蛾的毛毛虫，它们是巨大的棕色生物，身体前端有一个长而渐尖的部分，有些像大象的鼻子。它们有一双硕大的假眼，所以乍看之下也像一条小蛇。我记得很多年前在本地的报纸上读到过一个不幸的事件，其中就涉及这些长相奇特的昆虫。在自然界，这些毛毛虫以柳叶菜属植物为食，但是也喜欢花园里的倒挂金钟。一位野生动物知识有限的女士在自家花园的倒挂金钟花丛里发现了一些正在觅食的象天蛾毛毛虫，还以为是蛇正在侵扰自己的花园。对于这些完全无害的生物，她有些反应过度，从自己的割草机燃料箱里倒出一加仑汽油浇在花丛上，然后将其点燃。在熊熊火焰中，这些可怜的毛毛虫化成了灰烬，但是她也烧毁了自己的车库。

最小的儿子赛斯（7岁，还保持着早起的习惯）跑出房门，想看看我们抓到了什么。赛斯仍然对虫子有无限的热情，不知为何，大多数年龄大一点的孩子都会失去这种热情。像我一样，他被眼前一系列五彩缤纷的生物惊呆了。赛斯和他父亲一样更喜欢大只的，很快他的每只手上都有一只象天蛾，而那只杨天蛾趴在了他的肩膀上。

刚从天蛾带来的兴奋中缓过劲儿来，我就开始更仔细地观察其他飞蛾，尽管以前用过捕蛾器，我还是被它们的多样性震惊了。有绿色、奶油色、棕色、灰色、粉色、黄色和橙色的蛾子，有的脆弱而微小，有的强壮有力，有的优雅纤细，却长着宽大而不断颤抖的翅膀，有的看起来像鸟粪，还有一些飞蛾的翅膀像微小的白色羽毛，例如羽蛾（plume moth）。一些蛾子开始飞来飞去，落在我们的头发上，在我们的衣服上扑腾。巴特和罗林变得更忙乱，努力在它们逃脱之前不将其遗漏。

巴特急忙指了指一只小小的银色蛾子，它的翅膀边缘长着一圈纤细的毛——这是一只水草螟（water veneer）。我听说过这种动物，但不知道它们生活在我的花园里。捕蛾器里有几只，全都是雄性，这不是没有原因的，因为水草螟的雌性通常没有翅膀，而且生活在水里。它的毛毛虫生活在水下，用丝将碎叶片粘在一起构成自己的庇护所，并通过钻穿各种水生植物的茎来进食。它们在水下编织充满空气的茧，在里面化蛹，尽管我还没能查明它们是如何获得气泡的。当成虫出现时，雄性会沿着植物的茎干爬出水面，晾干自己的翅膀，但是没有翅膀的雌性则留在水里，在水面或水面以下的植被中爬行。它们在水面交配，然后沿着植物的茎爬下去产卵。令人着迷的是，一小部分雌性确实有翅膀而且会飞，如果连这一小部分也没有翅膀的话，这个物种将永远无法在新的池塘定居。目前还不得而知的是，究竟是什么促使它们长出了翅膀，推测这种情况可能会在种群过于拥挤时发生。

我搜遍捕蛾器，脑海里涌现出自己 40 年来没有见过的蛾子的名字：豹蛾（leopard moth），一种毛茸茸的白底黑斑动物；美苔蛾（rosy footman），一种华美的橙色和粉色小蛾子，翅膀上点缀着精致的黑色圆圈；接骨木尺蛾（swallow-tailed moth），淡黄色，有短拖尾；圆掌舟蛾（buff-tip），顶着橙色的毛冠，任谁看它都像一根折断的小树枝的末端；然后还有一只藏在鸡蛋盒里的黑点天社蛾（lobster moth，英文名字面意思为"龙虾蛾"）。我一眼就认出了它，尽管此前我只在书里见过它。当我还是个孩子时，我就渴望能捉住一只。这只蛾子本身看起来并不十分特别，当它趴在山毛榉树干上时，它那相当多毛的灰色和银色翅膀完美地伪装了它，但它的毛毛虫长相怪异得令人做噩梦。在受到惊吓时，它们会摆出一种非常古怪的姿势，尾巴向前弯曲，头向后弯曲，两端几乎相遇。它们的尾巴上长着看起来像触角的东西，而且它们还拥有对于毛毛虫而言长得离奇的前腿，受惊时都在空中摇晃。在刚从卵中孵化出来时，它们呈深红棕色，有点像木蚁（wood ant）。在第一次蜕皮之前，它们只吃自己的卵壳，并十分小气地保护着卵壳不被其他黑点天社蛾毛毛虫染指。此后，它们吃各种树的叶子，呈现山毛榉叶片在秋天那样浓郁的锈橙色，但它们保持了柔术杂技演员般的灵活性。当它们长得圆滚滚时，它们开始像某种巨大的蜘蛛［无论怎么努力，我都看不出与龙虾（lobster）的相似之处］。不管看起来是什么样子，它都不像是一只肥大、多汁、无害的毛毛虫，这正是重点所在。

第一个捕蛾器中的所有蛾子终于都得到鉴定，于是我们继续进行下个阶段。第二个和第三个捕蛾器中还有更多乐趣：一只松天蛾（pine hawk moth）、一只斧木纹尺蛾（scorched wing）、一只点翅尺蛾（maiden's blush）、一只亚麻篱灯蛾（ruby tiger）、几只大斑波纹蛾（peach blossom moth）、一只霉波纹蛾（common lutestring）。在数月之后写下这些内容，背诵这些名字，感觉就像在吟诵诗歌或者吟唱女巫的咒语，再次唤起了我当初感受到的兴奋。还有更多，比这多得多，但我不想让你感到厌烦。我们一共捕获了 864 只蛾子，它们属于 151 个不同的物种。巴特和罗林随后收拾好捕蛾器，出发前往牛津，周五晚上在记者乔治·蒙博（George Monbiot）的花园里捕捉飞蛾，第二天晚上在迈克尔·麦卡锡（Michael McCarthy）位于伦敦的小花园里设置捕蛾器。[①] 他们的计划是在返回英吉利海峡港口的途中返回我的花园，度过他

---

① 迈克尔是《独立报》（Independent）的长期环境编辑，撰写了许多关于野生动物和环境的图书，包括《消失的飞蛾：自然与喜悦》（The Moth Snowstorm），这是一部优秀的作品。自从他在 2006 年帮助发起了熊蜂保护信托基金（Bumblebee Conservation Trust）以来，我就一直欠他一个人情，他把我们放在了报纸头版。

们短暂的英国之旅的最后一晚。

周五下午，我突然接到了迈克尔的电话：他之前完全忘了巴特要来自己家，直到在自己的日记本里突然发现这一点，而他有点担心这个找上门来的比利时捕蛾人可能不太正常。我向他保证，巴特当然疯得不轻，不过是以最好的方式，他的担忧似乎减轻了。我猜他们度过了一个非常愉快的夜晚。不过当巴特和罗林在星期天回来时，我不动声色但高兴地发现，在我的花园捕获的蛾子比在乔治或迈克尔的花园捕获的都多。这只是顺便一提，并不意味着我有什么争强好胜的心理。[1]

在最后那个晚上，我们又抓到另外 18 个物种，最后出场的是一对红节天蛾（privet hawk moth），它是在英国繁殖的最大的蛾类物种。在休息时，它们是单调的灰色野兽，看起来像一枚沉重的燧石箭头，但如果被惊扰，它们就会扇动翅膀，露出拥有粉色和黑色条纹的身体。要想比肩在自家花园里发现了 2673 个物种的珍妮弗·欧文，我还有很长的路要走，但是仅仅两个晚上就捕捉到 169 种飞蛾肯定对此有所帮助。

悲哀的是，蛾子正在减少。从我小时候使用捕蛾器以来，已经有不少于 62 个英国蛾类物种灭绝了。其他曾经常见的物种现在也变得稀少，如豹灯蛾的数量自 1968 年以来减少了 92%，巴

---

[1] 如果我绝对诚实的话，这可能并不完全是真的。今年在赛斯的小学年度运动会上，我在爸爸们的短跑比赛中以微弱优势获胜，并因此拉伤了我的后腿肌腱。我摔倒在终点线上，一个多月不能正常走路，但一刻也没有后悔。

特和罗林在我的花园里一只也没有抓到。在同一时期，V 形尺蛾（V-moth）的数量减少了 99%。来自全国捕蛾器网络的统计显示，在英格兰南部，所有物种的总数自 1968 年以来降低了大约 40%（而同期英国北部的数量则保持稳定）。对于其中 337 个从前常见且分布广泛的物种，有更详细的数据可查，它们之中有 37% 的物种的个体数量减少了一半以上。我很抱歉用统计数据轰炸你，但这些数字很重要。在昆虫界，蜜蜂和蝴蝶的减少往往是最受关注的，但是很显然，我们也应该同样担心我们的蛾子。

很多蛾类物种的持续灭绝本身就是一场悲剧，但是它们对其他野生动物也有连锁影响，因为蛾子是我们的生态系统不可或缺的一部分。它们是一些植物的授粉者，而且成年蛾子是蝙蝠、夜行性鸟类如猫头鹰和欧夜鹰（如果你的花园里有后者出现，那你非常幸运）、小型哺乳动物的食物，也会被偶然碰到它们的白天狩猎的鸟类吃掉。它们的毛毛虫是春季许多鸟类雏鸟的重要食物，为雏鸟提供了急需的蛋白质，如果没有这种营养物质，雏鸟就无法成功地长出羽毛。蛾类毛虫是杜鹃的主要食物，而它们数量的下降被认为是杜鹃数量急剧减少最有可能的原因。蛾子还是众多寄生蜂和寄生蝇物种的宿主，而这些物种本身又是其他动物的食物。

就像蜜蜂和蝴蝶一样，飞蛾减少的原因也存在争议，而且可能很复杂。根据个人的特定倾向，你可能会归咎于栖息地丧失、城市化、光污染、集约化农业、杀虫剂、除草剂，或者地球工程学（据说某些化学物质出于某种邪恶的目的被添加在飞机的水汽尾迹中）。除了最后一项，所有这些因素都很可能在发挥作用。在蛾子数量下降最多的英格兰南部，这些状况很可能更加糟糕。光污染会让迁徙中的飞蛾感到困惑，并将一些飞蛾引向死亡。现代除草剂高效地清除了几乎所有杂草，它们本可以成为毛毛虫的食物。我的实验室最近开展的研究发现，新烟碱类杀虫剂经常性地出现在农田边缘与绿篱植物、灌木和乔木的叶片中，所以任何吃它们叶子的毛毛虫都很有可能长期摄入强力神经毒素。在现代世界里，我们让蛾子的生存变得相当艰难。

幸运的是，你为了帮助其他野生生物而在花园里做的事情也可能对蛾类有帮助。避免使用杀虫剂显然是个好的开始。你可能已经在种植的某些吸引蜂类或蝴蝶的富含花蜜的植物，如缬草（valerian）、醉鱼草和总花荆芥（catmint）等，可能同样会有飞蛾来造访它们。如果可以的话，不妨再安插一些在傍晚和夜间散发香气的花，如月见草、欧亚香花芥（sweet rocket）、素馨（jasmine）和香忍冬，因为飞蛾喜欢所有这样的植物。你拥有的不同本土植物越多，总叶片量越大，就会有更多蛾类毛毛虫能够找到吃的。混合绿篱在这方面很棒，因为你可以在一小段绿篱里种植许多木本物种，每个物种都能养活几种不同类型的蛾子。单子山楂和黑刺李都是很棒的绿篱植物，但你也可以加入月季、白蜡树、栎树、来檬、栓皮槭、柳树、桦树、杨树、女贞、鹅耳枥，或者任何其他你喜欢的本土乔木或灌木。如果你正在计划种植新绿篱，其中很多植物的种植方法都很简单，只需将插条插进地里即可，所以种植绿篱不一定是昂贵的项目。完全长大的树本身也很棒，但在小花园里并不实用。

除了毛毛虫和成虫的食物之外，蛾类不需要太多其他东西，但是另一项措施将帮助一些蛾类。如果你在生长季结束时不剪掉枯死的草本植物，那么它们将会为毛毛虫和蛾子的蛹提供庇护和冬眠场所，蜘蛛以及其他各种令人汗毛直竖的小爬虫也会从中受益。等到第二年春天，草本植物开始新的生长时再将枯死的部分剪掉（最好再留一些到稍晚时），这样你就为我们被忽视的夜间生物尽了自己的一份力。

# 7

## 潜入池塘

### 制作兔肉／松鼠肉／鹿肉派

内馅配料：兔子 1 只或灰松鼠 3 只，切成不带骨的肉块，或者鹿肉 800 克，切丁；黄油 50 克；大洋葱 1 个，切碎；煮熟的苹果 1 个，去皮，去核，切块；苹果酒 550 毫升；面粉 40 克；黑胡椒大量

酥皮配料：普通面粉 200 克，冷冻黄油 150 克，盐少许

1. 将普通面粉和盐放入碗中，磨碎冷冻黄油，撒在上面。用勺子充分搅拌，再用手搅拌，同时加入一些冷水，直到面团定型成球。将面团放入塑料保鲜盒，放进冰箱。

2. 用黄油将肉和洋葱煎成棕色，撒上面粉，加入苹果、黑胡椒和苹果酒，慢炖 1 小时。倒入馅饼盘。

3. 用擀面杖摊开面团，覆盖在馅饼盘上，用面饼将盘子边缘密封，

中间开一个能让蒸汽跑出来的小口。在 220℃下烤 30 分钟，或者烤成金棕色。

长期以来，我一直认为水猿假说（aquatic ape hypothesis）至少蕴含着一点儿真相，支持该假说的一个看似不太可能的证据来自住房价格。为防你不熟悉这个假说，让我为你解释一下。水猿假说认为，人类某个阶段的进化是为了适应在海边以鱼类和贝类为食的生活，这解释了我们无毛、直立姿势（为了涉水）等特征。在这一理论的支持者中，那些更信奉福音派的人提出，我们的祖先大部分时间都在水中度过，甚至在漂浮时交配。这个假说已经存在了将近 60 年，遭到科学界很多人的忽视或嘲笑，但我想说，选择生活在水边的祖先很可能有更好的生存机会，因此这种对水的偏好很可能是我们在过去选择的。海洋和湖泊提供了富含蛋白质的食物，而在内陆获取此类食物的难度大得多，而且前两者还提供了一种交通方式。当我们的祖先从非洲扩散出去时，证据表明，他们主要沿着欧洲和亚洲的海岸扩散，直到几百年甚至几千年后才终于深入内陆。为什么人们愿意为海景多付额外的 10 万英镑，尽管大多数这样做的人既不捕鱼，也不拥有船只，更不会真的在海里游泳呢？除了我们这个物种进化出了靠近水体的天生偏好，我想不出更好的解释。否则，为什么退休人士会涌入贝克斯希尔（Bexhill），一天天地远眺灰暗、寒冷且狂风肆虐的英吉利海峡呢？如果不是这样，我们如何解释为什么几乎所有度假目的地都在海边，尽管很多度假者更喜欢在酒店的游泳池里游泳呢？我们为什么这么喜欢待在塑料躺椅上，身边只是个装满稀释尿液和漂白液的蓝色瓷砖大坑？因为不知何故，我们的灵魂会被水的景象和声音抚慰。

无论我们偏爱水的根本原因是什么，任何水景都会推高房价，无论是河流、运河还是湖泊，但遗憾的是，我们大多数人并没有生活在能看到广阔水域的地方。作为替代，我们很多人都有一个池塘，也许还配备了一个喷泉或水泵，提供涓涓水流的声音以增加效果。乍看起来，我们对池塘的喜爱就像我们对海景的渴望一样难以解释。花园池塘的建造成本很高，它们是幼童潜在的死亡陷阱，往往有点味道，而且可能是蚊子的滋生地。那么为什么英国大约有 300 万个这样的池塘，相当于每 7 个花园就有 1 个池塘呢？同样，我认为主要原因仅仅是我们与生俱来的对接近水的渴望。我们喜欢池塘的样子，或者至少我们喜欢园艺中心陈列的那些漂亮池塘的样子，以及几乎每座豪华乡村庄园里都有的华丽观赏池塘的样子，而我们乐观地想象自己也能在花园里创造出类似的东西。

请不要误会，我喜欢池塘，如果我是英国首相，我要做的第一件事就是规定每个花园都必须有池塘（我要做的另一件事是，对于那些将自己的狗的粪便捡起来，然后把粪袋像圣诞装饰品那样挂在树上的人，都得判死刑）。对我来说，池塘的魔力在于它带来的额外生命。我童年的很大一部分时间是在池塘里泡着度过的，直到今天，我仍然喜欢在水里舀网带来的兴奋和期待感，任谁都会迫不及待地想要看看这次会捞到什么呢，也许是一只胖乎乎的棕色蜻蜓若虫，也许是一只可怕的长着镰刀状尖牙的龙虱（great diving beetle）幼虫，也许是一只橙色肚皮的光滑蝾螈？如果我住的房子附带的花园一开始没有池塘，我会自己挖一个池塘出来，从 7 岁开始，我一直都是这么做的。

我建造的第一个池塘是用防水混凝土砌的，这种材料的效果很好，但可能有点难看，而且使用混凝土不利于环境（它的生产释放大量二氧化碳）。硬质塑料、玻璃纤维或柔性丁基橡胶通常是最实用的选择，但并不是理想之选，因为它们也可能很难看，而且最多二三十年就会降解，最终进入垃圾填埋场。如果你有时间和热情，用捣成胶泥的黏土来建造池塘是最好的，你可以从自己的花园里挖黏土，也可以买胶泥黏土，价格很便宜。从本质上讲，你所需要做的就是挖一个洞，砌上 20 厘米厚的黏土。想要清除黏土里的空洞，必须将它捣成胶泥，这意味着要用脚去踩它，或者用栅栏柱子的末端击打它，与此同时要保持它的湿润。这是一份肮脏凌乱的工作，但相当有趣，如果你邀请家人和朋友加入的话就更有趣了。南唐斯丘陵过去有很多这样的池塘，它们被称为"露水池塘"（dew pond），是牧羊人为了给羊群提供水源建造的。他们从威尔德运来一车车的黏土，挖出一个坑，铺上黏土，然后将一小群绵羊关在里头过夜，完成捣胶泥的操作。

无论你使用的是什么方法，野生动物都会以惊人的速度抵达新建造的池塘。第一批抵达的通常是昆虫，如划蝽（water boatman）、水黾（pond skater）和水生甲虫。原因很简单：它们会飞。昆虫构成地球上的大部分生命，但主要局限在陆地上和淡水中，在海洋里却不多，这不是没有原因的。大约4亿年前，第一批昆虫在陆地上进化，当时海洋里已经有无数其他无脊椎动物，包括众多甲壳类动物、软体动物、三叶虫等。让昆虫在陆地上大获成功的关键创新是它们能够飞行，这种能力带来了很多优势，比如迅速逃离捕食者，以及轻松找到配偶或者新的居住地。在海里，能够飞行没多大用处，而且海洋中所有可用的生态位都已经被占满了，昆虫从未能够侵入。相比之下，如果生活在池塘里，特别是那种会在夏天干涸的暂时性池塘，能够飞行是非常有用的技能。水里的虾、水蛭、鱼类、蛙类或淡水螺无法轻易或快速地从一个池塘转移到另一个池塘里去，但是对于能够以每小时35英里的速度飞行的蜻蜓（它们是所有飞行昆虫中最快的），前往某个池塘产卵是很简单的事情。尽管如此，其他这些不会飞的生物很快就会到来，它们可能附着在鸟的脚上搭便车，或者在夜晚吃力地爬过潮湿的草丛。短短数周内，一个空荡荡的池塘将奇迹般地形成一个多样化的生命群落。

英国全国池塘调查项目（UK National Pond Survey）对156个池塘进行了采样，一共发现了398个不同的无脊椎动物物种（昆虫、螺、甲壳类等），以及几乎同样多的植物物种。1990年，慈善机构池塘保护组织（Pond Conservation）在牛津附近建立了一个由40个池塘组成的网络，如今它是165个不同的无脊椎动物物种和85个湿地植物物种的家园。池塘养活着英国的一些最稀少的动物，例如蝌蚪虾［tadpole shrimp，和有时作为宠物饲养的恐龙虾（*Triops*）有亲缘关系］和胶状螺（glutinous snail，这种微小的凝胶状生物目前仅在威尔士的一个池塘里出现过）。其中一些动物之所以稀少，是因为乡村池塘的数量一百多年来一直在减少。英国由潮湿多云的岛屿组成，自然会存在很多天然池塘。1890年，人们估算全英国有125万个乡村池塘，其中包括天然池塘和农民们有意建造和维护以便为牲畜提供水源的露水池塘。如今，乡村池塘的数量据估计约为40万个，我们的乡村池塘消失了大约70%。可悲的是，在幸存的乡村池塘中，据估计有4/5受到农业径流（含有肥料和农药）或来自道路的含盐径流的污染，所以它们的状况很糟糕。

这正是花园池塘如此重要的原因。它们可能比大多数乡村池塘小，但它们的数量很多，而且在大型郊区，如今的池塘密度可能高过以往任何时候。它们提供了栖息地网络，至少能够让那些适应性更强的池塘生物在其中茁壮成长。

140　　在我位于塞萨克斯的花园里，我很幸运地接手了一个相当大的池塘，它大致呈圆形，直径约10英尺，但是其中滋生了大量来自南美的入侵物种粉绿狐尾藻（parrot's feather），亚洲金鱼也在里面泛滥成灾。最好不要在花园池塘里养鱼，因为它们往往会消灭大部分其他生命。金鱼是贪吃的杂食动物，会吞食蝌蚪和幼年蝾螈，而在我看来，如果要在蝾螈和金鱼之间做出选择，那么蝾螈每次都会赢。我一直在尝试捕捉和移走所有金鱼，但是它们在茂密杂乱的植被之间繁殖得很快，所以效果不佳。与此同时，为了给两栖动物提供安全繁殖的地方，我在花园的一个安静角落里埋下一只旧浴盆，让我高兴的是，它很快就被几只林蛙（common frog）当成了家。

在第一批找到你的池塘的昆虫中，最美丽和最壮观的种类是飞得非常敏捷的蜻蜓和它们更加纤细且飞行能力较弱的近亲豆娘（damselfly）。在我的大池塘里，尽管水里有金鱼，但是仍然存在规模相当大的大红细螅（large red damselfly）繁殖种群，在整个春天和夏天都能看到几十只趴在鸢尾上晒太阳，以交配的形式相互连接，或者在水边植被上产卵。在夏天，还常常会有一只雄性基斑蜻（broad-bodied chaser）把池塘当作自己的领地，在上空虎视眈眈一两个星期。基斑蜻是一种身体结实、飞行速度很快的昆虫，身体呈浅灰蓝色，两侧点缀着黄色斑点。偶尔会有一只金环蜻蜓（golden-ringed dragonfly）飞过捕捉猎物，这种华丽的动物长着绿色的眼睛，身体像黄蜂一样有黄黑相间的条纹。一个充分发展的池塘可以支持十种或更多蜻蜓和豆娘。

我没有看过这方面的科学研究，但是我个人对此的深刻印象是，水生植被丰富的池塘对蜻蜓的吸引力大得多，而且和那些更加裸露、整齐以及整洁的池塘相比，水生植被丰富的池塘通常能够养活更多生命。植物为水提供氧气，为食草动物如石蛾（caddis fly）幼虫、螺和蝌蚪提供食物和躲避捕食者的藏身之处，而长出水面的植物是蜻蜓若虫在准备变身为成虫时爬出水面的有效途径。你当地的园艺中心会卖给你来自世界各地的一系列水生和水边植物，但在谈到池塘时，我更喜欢使用本土植物，如草甸碎米荠（cuckoo flower）、黄菖蒲（yellow flag）、水薄荷（water mint）、千屈菜（purple loosestrife）、金鱼藻（hornwort）和驴蹄草（marsh marigold）。对于较大的池塘，留出至少一部分开阔水面可能会吸引燕子掠过水面喝水，燕子、毛脚燕（martin）和蝙蝠会定期造访，捕捉常常在水面上团团飞舞的蠓虫和舞虻（dance fly）。留出至少一处较浅的边缘允许其他鸟类和小型哺乳动物来到水边喝水，将有助于动物在落水时逃脱（小时候，我曾在祖母家一个边缘陡峭的池塘里发现了一只溺水刺猬的肿胀身体，这段记忆在我心里留下的创伤至今仍未抚平）。池塘里的丰富生命也会吸引其他捕食者，我曾看到一条水游蛇（grass snake）在我的池塘岸边捕食两栖动物，偶尔会有鹭（heron）过来吃鱼（如果它能多吃几条就好了）。如果你非常幸运地住在河边，甚至可能会有水獭来拜访。这些行踪诡秘的哺乳动物正在慢慢扩散到我们的乡村地区，它们更喜欢在池塘里捉鱼或青蛙，因为相比河里，在空间有限的池塘里，这些猎物更容易捕捉。

池塘不一定要很大才能吸引野生动物。一些水生生物实际上喜欢非常小的水体，小到不能算是池塘（池塘有时被定义为任何 1 平方米至 2 公顷之间的水体）。特别值得一提的是，已经有一整套生命体进化到可以在微小的袖珍水体中生活和繁殖了，这些微型水体形成于汇聚雨水的多瘤老树分叉处、树枝折断留下的洞里，或者当树木最终在秋季暴风雨中轰然坠地时折断的树桩中。在树林里的任何积水凹陷或缝隙中，一个微观世界开始形成。树叶和其他有机物掉落进去，细菌大量繁殖。真菌开始消化老木头，这是一个漫长而缓慢的过程。喜湿植物占据了水坑的潮湿边缘，如地钱（liverwort）、苔藓和地衣。蚊子产卵，它们抽搐着运动的幼虫滤食水中的细菌和藻类。甲虫、缓步动物（tardigrade）、蚯蚓、弹尾虫（springtail）、书虱（booklice）、蠹虫和蠼螋都在积水本身或者长有苔藓的潮湿边缘找到了家园和食物。一个微型生态系统业已形成，而且可能持续很多年，直到木材完全腐烂，水分外泄。当然，如今真正的大树已经很少见了，任何有腐烂迹象的树通常都会被迅速移走，因为它们被视为对路人的威胁或者其他树木的疾病来源。在我们这个现代、整洁的世界，腐烂没有容身之地，因此腐烂的树洞没有以前那么常见了，尽管这一点还没有得到广泛的赞赏或哀叹。

现在你可能在想，这并不是一件多么糟糕的事。毕竟，几乎没有人关心书虱或蠹虫①（在我看来这太可惜了），而蚊子绝对不是我们大多数人希望在花园里吸引的东西。但是如果我告诉你，英国的一些最稀有、最美丽的昆虫也生活在这些洞里，你可能会更感兴趣。有些昆虫只生活在这些腐烂的树洞里，还有一些昆虫只生活在特定树种形成的腐烂树洞里。这种专门化是一种莽撞的策略，不适合快速变化的世界，而古老、腐烂树木的消亡导致了这些昆虫的衰落。实际上，英国最稀有昆虫称号的有力竞争者是锈端短毛蚜蝇（pine hoverfly，英文名字面意思是"松树食蚜蝇"），这是一种漂亮的昆虫，身体呈有光泽的黑色，尾部呈鲜红色，仿佛是在模仿红尾熊蜂（red-tailed bumblebee）。正如你可能从名字中猜到的那样，锈端短毛蚜蝇在欧洲赤松（Scots pine）的腐烂树洞中繁殖，而这些树洞里有一种名字拗口的真菌"栗褐暗孔菌"（*Phaeolus schweinitzii*）茁壮生长。坊间记录表明，锈端短毛蚜蝇曾在苏格兰的加里东期松林中很常见，但现代林业活动导致了它的衰亡，这种可爱的蝇如今只在斯贝谷（Spey Valley）有一个小型种群幸存。当我在斯特林大学（Stirling University）工作时，我有个学生叫埃莉·罗瑟雷（Ellie Rotheray），她的博士学位研究对象就是这种难觅踪迹的"野兽"和它稍微不那么濒

① 蠹虫是一种古老的不会飞的昆虫，已经在地球上的潮湿角落里蠕动了将近4亿年，除了腐烂的树洞之外，它还出现在我们家中潮湿的地毯下面。它们有一种精心编排的求偶舞蹈，在这种舞蹈中，雄性和雌性会将颤抖的触角缠绕在一起，嬉戏着追逐对方，最后将它们颤动的身体压在一起。这段美妙的浪漫舞蹈可能全程发生在你楼下衣帽间地板上沾满污渍的油毡下面。

危的表亲山杨锤蚜蝇（aspen hoverfly）。对于锈端短毛蚜蝇幼虫在审美上的吸引力，人们有不同的看法（也就是说，埃莉有自己的看法，其他所有人有另一种看法）。它们是雪茄形状的奶油色蛆虫，身体很大，没有腿，尾巴细长且可伸缩，被它们用作通气管。幼虫潜伏在腐烂树洞中混浊液体表面约 1 英寸[①]以下，这个深度让鸟类无法发现和吃掉它们，而它们将长长的尾巴伸到液体表面获取空气。其他不那么稀有的食蚜蝇也有类似的幼虫，它们统称"鼠尾蛆"（rat-tailed maggot）。大多数人第一次看到这些潜伏在一摊积水里的"野兽"时，就算心里不是完全厌恶，也至少有点反感，但埃莉很喜欢它们，并试图将它们重新命名为"长尾幼虫"。她花了无数个小时研究如何在人工圈养条件下饲养它们。她使用装满水的玻璃罐，并在里面加入各种锯末、木屑和木条作为幼虫的梯子（如果它们在水里沉得太深，没有什么东西能让它们爬上来的话，它们可能会被淹死）。奇怪的是，在圈养条件下，锈端短毛蚜蝇似乎并不在意它们得到的是云杉木而不是松木，尽管在野外它们只出现在松树中。它们只出现在松树的腐烂树洞中，这大概是因为这里是雌虫产卵的地方。这就引出了一个问题：既然它们的后代并不挑剔，它们为什么要如此吹毛求疵？原因可能很简单，即云杉树不是苏格兰的本土物种，因此雌虫还不适应利用这种新资源。

---

① 1 英寸≈2.5 厘米。——编者注

这些幼虫长得很慢，有些需要两年时间才能充分长大，但它们似乎在埃莉的罐子里生长得相当好，很多都化蛹了（它们需要从水里爬出来化蛹）。英国皇家鸟类保护协会（Royal Society for the Protection of Birds，RSPB）非常希望看到锈端短毛蚜蝇飞回阿伯内西森林（Abernethy Forest）保护区，那里是曾经发现过这种昆虫的地方。为了给它创造繁殖环境，RSPB 砍倒了一百棵松树，然后埃莉用电锯刀片的尖端在这些松树的树桩上挖出了人造的腐烂树洞。她饲养了很多幼虫，并将数百只幼虫放生到这些新产生的树洞里，它们在里面似乎过得很好。她还在夏天放生了几十只饲养成虫，但遗憾的是收效甚微。埃莉在 2011 年完成了博士学位阶段的研究（随后搬到了萨塞克斯大学），她离开之后，锈端短毛蚜蝇的数量似乎减少了，在阿伯内西森林引入的种群也迅速消亡。目前有从芬兰引入新谱系的计划，这种食蚜蝇在那里仍然很普遍，之所以会有这样的计划，是因为人们担心苏格兰仅存的微小种群会发生严重的近亲繁殖。这种美丽生灵在英国的命运悬而未决。

基于她对锈端短毛蚜蝇的了解，埃莉设计了一种简单的方法让他人来创造属于自己的人造腐烂树洞。埃莉热衷于让大众更喜欢食蚜蝇，所以她给这种洞起了个美称，叫"食蚜蝇潟湖"。你只需要一个防水容器、一些有机质（例如草坪修剪残渣或落叶），还有一些小树枝。将有机质放进容器，装满水，将树枝放进去，让它们伸出水面（以便完全长大的幼虫爬出来），然后将所有东西放在花园的某个安静角落。当然，除非你住在斯佩塞（Speyside），否则无论你做什么，也无法将锈端短毛蚜蝇吸引到你的花园里来。就算你真的住在斯佩塞，也只有千分之一的机会，但是埃莉发现，她的"潟湖"似乎很好地吸引了一些在腐烂树洞里繁殖但分布更广泛的食蚜蝇。在成功的鼓舞之下，埃莉让我和朋友们以及其他在萨塞克斯的同事亲自尝试一下。

我不是食蚜蝇专家，但我发现制作和观察自己的"潟湖"非常有趣，对我的孩子们也很有吸引力。当我们搬到在萨塞克斯郡占地两英亩的家时，前房东留下了一些破旧的容器，散落在过度茂盛的荨麻和悬钩子之间，很适合拿来制作一系列"潟湖"。埃莉用的是4品脱塑料牛奶瓶的下半部分，我则就地取材，使用了两个塑料花盆托盘、一个又长又深的塑料窗台花箱、一个镀锌金属垃圾桶，还有一个熬果酱用的大号金属锅。我必须承认，它们一点都不美，而且它们比埃莉做实验时用的"潟湖"大得多，但我猜它们越大，我就会得到越多的食蚜蝇。2016年初的冬天，我用木刨花做了两个"潟湖"，用修剪下来的草屑做了两个，用草屑加上一些来自肥堆底部的腐熟堆肥做了一个，注入的都是雨水（不过埃莉说自来水似乎也行）。从那以后，我每个月都会在这些熏人的臭水里寻找食蚜蝇。

到目前为止，使用木刨花的"潟湖"毫无用处——没有任何东西靠近它们，木刨花似乎没有发生变化。我会再给它们一两年的时间，因为也许当这些刨花开始腐烂时，它们会吸引到一些东西。水生食蚜蝇幼虫以细菌为食，因此它们需要基质积极分解。我对使用了修剪下来的草屑加堆肥的"潟湖"寄予厚望，但它也有点令人失望，它闻起来相当成熟，比其他"潟湖"成熟得多，并因此吸引了十几只黄粪蝇（*Scathophaga stercoraria*，英文名 handsome ginger dung fly）。这种昆虫的领地意识很强，所以总是在打架，这场面看上去很有趣。它们还会捕食小型昆虫，所以这可能阻止了雌性食蚜蝇在这里产卵，到目前为止，我还没有在这个"潟湖"里发现食蚜蝇幼虫。我对粪蝇并没有意见，但它们不是我的目标。幸运的是，我的两个修剪下来的草屑中的"潟湖"有好得多的表现，4月，也就是创造它们仅仅两三个月后，我看到了一簇簇白色的细长虫卵，有点像是微缩版的印度香米米粒。到5月时，两个"潟湖"都长出了几十只小小的长尾幼虫。到6月时，它们当中的一些已经长得相当大了，加上尾巴可能有3厘米长。

　　和锈端短毛食蚜蝇一样，幼虫一旦完全长大，就会爬出"潟湖"，掉到地上。我的"潟湖"设置在长草丛里，根本没法发现幼虫去了哪里。埃莉建议将"潟湖"放在装有木屑或干叶子的托盘上，这样可以提供隐蔽的角落和缝隙，让幼虫愿意躲在里面变成蛹。我试了一下，几天后发现了六只蛹，它们是棕色的桶状物体，仍然保留着长尾巴，而且还有两个呼吸孔，看上去有点像一对耳朵。它们的整体外观就像一只微型老鼠。我将它们装进一个果酱瓶，放在一个朝北的窗台上，两周后，我很高兴地发现，它们孵化成了俗称"足球运动员"的工纹黄条管蚜蝇（*Helophilus pendulus*）成虫，这是一种漂亮的食蚜蝇，其因黄黑相间的条纹而得名，显然这曾让人想起了某款足球衫。埃莉和其他志愿者在他们的"潟湖"里发现了多种不同种类的食蚜蝇，随着时间的推移，我们希望更多地了解不同物种偏好的款式和有机材料类型。[①] 147

建造某种池塘，或者至少是一个食蚜蝇"潟湖"，可能会也可能不会抚慰你想要生活在看得见水的地方的古老冲动，但这是你可以在花园里采取的唯一措施，而且它将为生物多样性做出最大的贡献，同时只占用很小的地方。如果你想让自己的孩子不要老是盯着屏幕，根据我的经验，泡在池塘里是少数能够胜过热门电子游戏的活动之一，至少能胜过一会儿。《牛津儿童初级词典》（*Oxford Junior Dictionary*）最近删除了单词"蜻蜓"（以及橡子、鲦鱼、翠鸟和蒲公英），因为他们认为这个词已经与儿童不相关了。除了让你的孩子有机会抓住蜻蜓，感受它们在自己潮湿的手中扭动，凝视它们金色的眼睛之外，还有什么更好的办法能够保证蜻蜓不但和童年相关，而且还被你的孩子们喜爱呢？去吧，拿上一把铁锹，开始挖吧……

---

① 撰写本书时，我们正在运行一个公民科学项目，在这个项目中，我们请求人们报告他们自制的食蚜蝇"潟湖"的成功。如果你感兴趣的话，请访问 www. buzzclub.uk。

# 8
# 我的植物中的蚂蚁

**酿造接骨木酒**

配料：成熟接骨木浆果 1.3 千克，糖 1.6 千克，葡萄酒酵母

1. 将接骨木浆果碾碎，加入 4 升水和酵母，用布盖上，静置 2 天。

2. 用薄纱布过滤液体，加糖。

3. 放入带气锁的 5 升容器（如小颈大瓶），直到停止产生气泡。

4. 用虹吸的方式移除底部残渣，密封瓶子。

5. 等待 6 个月，如果你有耐心的话，可以等待更久。

6. 喝酒（不要一次喝完）。

在家里酿酒是一门濒临消亡的艺术，但它是如此简单和廉价，可以收获美味的成果。按照这个配方得到的是一种口味浓郁的类似波尔图葡萄酒的红酒，我已经将一部分这种酒保存了 20 年，它变得越

来越棒了。很多其他水果的效果也很好，例如黑莓和黑醋栗，或者用来做无色酒的鹅莓。

你大概没有意识到，在你的花园里住着一群身材矮小的"农民"。这些"农民"饲养"家畜"，定期给它们"挤奶"作为自己的主要食物来源，还会照顾这些家畜，并为保护它们战斗到死。这些生物生活在复杂的社会里，其中包括数千有时甚至数百万个个体，这些个体几乎全都是雌性，而且每个个体都被分配了特定的工作。地球上大约有 1 亿亿只这样的生物，这意味着它们的数量是我们人类的 100 万倍以上，但大多数人几乎从来不会注意到它们。就生物量而言，它们约占所有陆地生物总生物量的 1/4（人类占另外 1/4）。我说的当然是蚂蚁，它们可以说是地球上最成功的生物，但它们并不热衷于夸耀这一点。在我看来，人类常常主导着现代世界，到处都是人，但是如果你将目光放低到地面以上几毫米的地方，或者仔细观看任何树木的树干，你首先看到的活物通常是一只蚂蚁。

在我的花园里，以及在大多数英国花园里，最常见的蚂蚁是黑毛蚁（*Lasius niger*，英文名 common black ant），它是欧洲数量最多、分布最广泛的蚂蚁。不管你拥有多大或多小的花园，你都会拥有这些蚂蚁。就算你根本没有花园，它们也很可能在夏天闯进你家寻找食物。就像大多数蚂蚁一样，黑毛蚁对其他蚂蚁富于侵略性，会凶猛地保卫自己的领地和食物。它们还会在土壤中、土壤表面和草本植被中捕食小型动物。它们不怕高，①会爬进我花园里最高的树（一棵欧亚椴）的树冠搜寻猎物。春夏两季，每天都有许多条繁忙的蚂蚁小径沿着树干蜿蜒而上。

和黑毛蚁不同的是，它的近亲黄毛蚁（*Lasius flavus*，英文名 yellow meadow ant）在冒险精神方面逊色得多。它在我的花园里也很常见，但是似乎从来不进入我的房子，而且从来不爬树。实际上，这个物种很少将头探出土壤表面，尽管它有时会在簇生草丛中建造大土堆，将幼崽移入夏日阳光照射下的土堆中取暖。

这两种蚂蚁都是机会主义捕食者，但它们的很大一部分食物来自它们的"牲畜"：蚜虫。蚜虫以植物的汁液为食，这让某些种类的蚜虫成了令人头疼的害虫。它们拥有尖管状口器，并将口器小心翼翼地刺入植物组织，直到口器尖端抵达韧皮部，这个部位相当于植物的动脉，负责将富含糖分的汁液运送到需要的地方。整个过程很像蚊子的吸血行为，蚊子独立进化出了非常类似的器官，用于刺入我们的循环系统。植物汁液可能富含糖分，但是饥饿的蚜虫自身生长和繁殖后代所需的氨基酸和蛋白质在植物汁液中的含量很低，所以每只蚜虫都要摄入大量汁液，吸收其中

---

① 高处的眩晕感对蚂蚁而言毫无意义，因为它们可以从离地面 1 英里的地方掉下来，着陆时的冲击不会对它们造成丝毫伤害。因为重量小和表面积相对较大，这些微小生物的下坠速度非常慢，蚂蚁的终端速度约为每小时 4 英里（约 6.4 千米），并不比我们的步行速度快。相比之下，人的终端速度约为每小时 200 英里（约 321.9 千米）。生活在亚马孙雨林林冠层中的所谓"滑翔机蚂蚁"（glider ant）甚至能够在坠落中转向，落到最近的树干上，不必经历漫长的坠落和爬上树干的长途冒险。

的蛋白质，然后将糖分作为不需要的副产品排泄出去，这就是蜜露。蚂蚁抓住了这种现成的糖分供应，对很多物种而言，糖分都是为自身活动提供动力的主要碳水来源。蚜虫通常大批群居生活，而蚂蚁照看它们，就像是奶农照看自己的黑白花奶牛群一样，保护它们免受瓢虫等捕食者的侵袭，给它们"挤奶"，并用自己的上颚一丝不苟地梳理它们，以防止任何真菌的生长（诚然，一些人类农民可能不会沉迷于最后这项活动）。一些照料蚜虫的蚂蚁会提供很好的保护，在晚上将它们负责的蚜虫搬到自己的巢穴里以躲避捕食者。如果蚜虫发现它们的种群变得过于拥挤，寄主植物正在变得衰弱，它们会切换到有翅膀的生命阶段然后飞走，但是有些蚂蚁物种会咬掉蚜虫的翅膀，继续囚禁它们。另一些蚂蚁物种会将蚜虫从状态不佳的植物转移到健康、没有虫害的植物上，一开始就避免它们长出翅膀，就像农民把牛转移到健康的草场一样。如果蚂蚁想要获得更多蛋白质，或者蚜虫的产量降低，蚂蚁就会扑杀并吃掉自己以前负责的"牲畜"，就像农民处理衰老的奶牛一样。仿佛置身于工业化农业中，昆虫的世界里没有多愁善感的空间。

蚂蚁并不局限于饲养蚜虫。在我写下这些内容时，我的笔记本电脑后面的窗台上，一长队黑毛蚁正在从旧窗框旁边的一条裂缝中蜿蜒而出，沿着一个花盆的侧壁向上爬，最终爬上一株过去三年我一直在努力养好的箭叶橙（Kaffir lime plant）。它被介壳虫感染得很严重，介壳虫是一种扁平的帽贝状棕色昆虫，吸食植物的汁液，侵蚀植物的活力，所以我的箭叶橙看上去相当苍白，而且经常掉叶子。就像它们的蚜虫亲戚一样，介壳虫也会排泄蜜露，所以住在我墙壁里的蚂蚁会照料它们，防止它们被捕食者或寄生虫攻击。这些蚂蚁似乎在靠它们提供的含糖食物蓬勃发展，因为每晚它们都从我的墙上挖出更多砂浆，为不断增多的后代建造更多育婴室，在窗台上留下一堆等着我用吸尘器打扫干净的水泥碎屑。

黑毛蚁主要照料地面以上的牲畜，但是黄毛蚁必定紧跟地下的蚜虫。你可能没有意识到很多蚜虫生活在地下——最有可能的情况是你从未费心想过这个问题，但其实蚜虫有很多地下种类，每个物种都喜欢在特定植物的根上吸食汁液。例如，蒲公英有自己的根蚜物种，莴苣、酸模和许多禾草也有。有些根蚜在与土壤表面平齐的根基部进食，而它们的蚂蚁保护者小心翼翼地在它们周围堆积土壤颗粒，提供防御性的围栏。蚜虫本身就是极为多样又被忽视的生物。在英国有将近 600 个蚜虫物种，其中只有少数几种是会严重影响我们的作物和观赏植物的害虫，大多数都在不被人类注意的情况下度过一生，在我们的绿篱、草地和林地中的野生植物的根或叶片上悄悄进食。这些微小昆虫的成功在很大程度上得益于其蚂蚁守护者的帮助。

在英国，能配得上全世界最大这个称号的生物种类并不多。实际上，我只能想起一种，而它就是一种蚜虫，即栎长喙大蚜（*Stomaphis quercus*，英文名 giant oak aphid），它的大小和颜色都像一颗浅烘焙咖啡豆。它是全世界已知最大的蚜虫，但如今仅在英国的 5 个地方发现了它们的踪迹，不过可以想象的是，它在其他地方很容易被忽视，因为尽管是最大的蚜虫，它仍然很小而且不起眼。它似乎只由亮毛蚁（*Lasius fuliginosus*，英文名 jet black ant）照料，而且要是没有这种蚂蚁的话就无法生存。亮毛蚁名副其实，是一种非常有光泽的黑色蚂蚁，仿佛刚刚浸泡了光泽涂料一样。成群结队的亮毛蚁据说是存在栎长喙大蚜的最好迹象，而栎长喙大蚜本身伪装得相当好。这些蚂蚁的行为就像阿尔卑斯山的牧羊人，在春天将蚜虫搬到树木更嫩的枝条上，然后在秋天帮助它们返回下面树干的缝隙里。栎树的树皮很厚，所以这种蚜虫进化出了极为细长的口器，年幼蚜虫口器的长度是身体长度的两倍多，可以深入树皮，抵达树液。与较小的蚜虫不同，栎长喙大蚜繁殖速度很慢，因此不适合在快速变化的现代世界中生活，它曾经常见于东盎格利亚布雷克兰（East Anglia Breckland）的森林，但是为了开垦农田，这些森林几乎全都遭到了砍伐。

栎长喙大蚜出没记录的地点中，距离我最近的是科尔切斯特，对于一种豌豆大小的蚜虫，这段距离是相当远的。无论如何，我的花园里没有合适的蚂蚁物种。虽然萨塞克斯有亮毛蚁，但似乎非常稀少，我在当地一只也没有看到过。它的生物学特性非常奇特，是一种半社会性寄生生物的半社会性寄生生物。也就是说，要想

尽管我的花园边界上生长着一棵可爱的半成年栎树，但我想我永远也不可能在自己的花园里发现这种蚜虫。在近些年来有栎长喙大蚜出没记录的地点中，距离我最近的是科尔切斯特，对于一种豌豆大小的蚜虫，这段距离是相当远的。无论如何，我的花园里没有合适的蚂蚁物种。虽然萨塞克斯有亮毛蚁，但似乎非常稀少，我在当地一只也没有看到过。它的生物学特性非常奇特，是一种半社会性寄生生物的半社会性寄生生物。也就是说，要想

154

获得一群亮毛蚁，你需要先有一群黑毛蚁。然后，这群黑毛蚁必须受到一只遮盖毛蚁（*Lasius umbratus*）蚁后的攻击，它进入蚁穴，杀死住在里面的黑毛蚁蚁后，奴役黑毛蚁工蚁。接下来，遮盖毛蚁蚁后产下自己的工蚁。最终，黑毛蚁的老工蚁相继死去，留下一个遮盖毛蚁蚁穴。和半树栖的宿主黑毛蚁不同，寄生性的遮盖毛蚁是黄色的地下蚂蚁，外表与黄毛蚁相似。它们相对不常见，而且很少被注意到，所以没有人给它们起英文名字。接下来，遮盖毛蚁蚁穴必须被亮毛蚁后入侵，这次轮到它杀死遮盖毛蚁蚁后（一报还一报，你可能会这样想），并再次慢慢地用自己的工蚁取代遮盖毛蚁工蚁。最后，栎长喙大蚜得到了自己不可或缺的保镖。

155 　　为什么会有物种进化为必须要依赖这样一系列看起来不太可能发生的事件来为自己提供生存所需的条件呢？这是个很好的问题，但是这也解释了栎长喙大蚜为什么并不常见。和吃竹子的大熊猫一样，栎长喙大蚜似乎把自己逼进了进化的死胡同，无法轻易从中逃脱。

　　栎长喙大蚜并不是唯一和蚂蚁存在专性联系的稀有昆虫。很多眼灰蝶亚科蝴蝶（blue butterfly）的毛毛虫在背上生长着一个特殊的腺体，并从腺体中分泌富含糖和氨基酸的液滴，它们通过这样的酬劳招募提供保护的蚂蚁保镖。冬青琉璃灰蝶（holly blue butterfly）和普蓝眼灰蝶（common blue butterfly）有时会出现在花园里，而且都会由一系列蚂蚁物种照料。它们极其稀有的亲戚霾灰蝶（large blue butterfly）完成了一场大胆的"政变"，颠覆了与蚂蚁的这种不稳定的互利关系，从而进一步扩大自己的优势。雌性霾灰蝶在野生百里香或牛至上产卵，幼小的毛毛虫先食用这些植物几天，再掉落到地上。通常情况下，毛毛虫这么做就是在自杀，因为一旦来到地面，它就将任由路过的捕食者（例如老鼠或步甲）摆布，但这些毛毛虫在赌自己会首先被蚂蚁发现。它需要的不是任何一种蚂蚁，而是一个特定物种的蚂蚁，即沙地红蚁（*Myrmica sabuleti*，英文名 red ant）。如果一只沙地红蚁发现了毛毛虫，就会把它捡起来，然后小心地带回自己的地下巢穴，放置在一个育婴室里。沙地红蚁这样做是因为这种毛毛虫已经进化出了类似幼蚁的气味，所以工蚁的本能就是将它放回蚁穴。仿佛这还不够奇特似的，霾灰蝶的毛毛虫随后开始悄悄地吃掉育婴室里真正的蚂蚁幼虫。几乎所有蝴蝶的毛毛虫都是食草动物，但是在经过短暂的素食阶段后，霾灰蝶的毛毛虫变成了食肉动物，并在接下来的 10 个月里将收养它的家庭的兄弟姐妹们当成零食吃掉。[1] 成年蚂蚁完全有能力干预，而且可以轻易地杀死毫无防御手段的霾灰蝶毛毛虫，即便这些毛毛虫长得比它们大得多，但它们并没有这样做。相反，它们无视这场屠杀，继续照顾身处它们之中的这只巨大外来幼虫。春末，霾灰蝶毛毛虫化蛹，几周后，成年霾灰蝶在蚁穴内孵化。此时，刚刚诞生的霾灰蝶拥有柔软和

<sup>156</sup>

---

① 在夏威夷还有少数其他肉食性毛毛虫。它们大多数捕食苍蝇，用的是其细长且末端带爪的前肢。还有一个真正奇怪的尖蛾科物种 *Hyposmocoma molluscivora*，它的毛毛虫会织网捕食蜗牛。

折叠起来的翅膀，它们必须趁着这个时候赶紧钻出狭窄的蚁穴隧道，然后才能见到阳光。遗憾的是，由于栖息地丧失，或许还因为这种相当复杂的生活史，霾灰蝶在英国于 1979 年灭绝。它的生活史细节是杰里米·托马斯（Jeremy Thomas）教授弄清楚的，但是为时已晚，人们已经无法为制定防止灭绝的保护策略提供任何帮助。在那以后，英国从瑞典重新引入了这个物种并取得了一些成绩，如今英格兰西南部地区生活着这种非凡生物的几个健康种群。

最近，杰里米的研究团队又有了另一项引人入胜的发现。雌性霾灰蝶显然能够通过嗅叶片的方式判断哪株牛至下面有沙地红蚁的蚁穴，因此通过有选择地在这些植株上产卵，它们可以提高后代被适当的蚂蚁物种迅速捡到的机会。甚至可以想象，牛至已经进化到使用气味来召唤蝴蝶帮助自己：沙地红蚁会破坏牛至的根，而霾灰蝶会消灭一些蚂蚁，所以牛至向霾灰蝶发出信号指示自己下面有蚂蚁，这种行为对它来说是值得的。

157 　你在自己的花园里见到霾灰蝶的机会极为渺茫，但是你肯定见过一系列不同种类的蚂蚁。从园丁的角度看，蚂蚁是不可避免的、令人喜忧参半的自然赠予物。你总是会拥有它们，摆脱它们的尝试毫无意义，坦率地说，甚至有点蠢。你的花园可能每平方米就有一个蚁穴，有时甚至更多，要想清除它们，你必须将自己的花园变成一片有毒的荒地。你可能会想，为什么我觉得有必要谈论这一点，可悲的事实是，很多人确实试图摆脱它们。我见过有人把开水倒进蚁穴，特别是当它们在分群季产生有翅的蚁后和雄蚁时。你居住地的园艺中心会卖给你蚂蚁灭杀剂，它们是含有神经毒性新烟碱类杀虫剂的甜味液体诱饵，用来杀死蚁后，从而摧毁整个蚁穴。它们很可能成功做到这一点，但是可以肯定的是，很快就会有新的蚁穴取而代之，因为蚂蚁是适应能力强的坚韧生物，每次分群它们都会产生数千只新蚁后，足以让几乎所有合适的地点被迅速重新占据。这样一来你唯一成功做到的事，就是用一种相当糟糕的化学物质污染了自己的花园。

消灭蚂蚁的努力不光是徒劳的，还很可能事与愿违。从坏的方面来说，蚂蚁为蚜虫提供的保护会阻止其他天敌（例如瓢虫）发挥作用，从而大大增加蚕豆或苹果树上的蚜虫数量。在你搞露天烧烤时，如果展翅繁殖阶段的蚂蚁决定从露台石板之间跑出来分群，那么它们可能有点令人恼火，但是并不会造成任何真正的伤害。每天早上出现在我窗台上的那堆砂浆碎屑有点让人讨厌，但仅此而已。你应该感到幸运，如果你生活在地球上的其他地方，你可能必须对付火蚁（fire ant），从第一手的经验来看，我可以说它的叮咬令人极为痛苦，感觉就像是被燃烧的火柴头戳了一下。更糟糕的状况是和子弹蚁（bullet ant）生活在同一个地方，它们的叮咬被认为是整个动物界最令人痛苦的叮咬之一。[①] 相比

---

① 子弹蚁的叮咬会带来一种强有力的神经毒素，因此会引起刺痛也就不足为奇了。蚂蚁叮咬带来的化学成分多种多样，包括甲酸、乙酰胆碱、去甲肾上腺素和生物碱等，蚂蚁进化出这些化学物质的目的就是给被叮咬者造成最大的痛苦。

**我的植物中的蚂蚁**    

之下，几只黑毛蚁蚁后每年落在你头发上一两次真的没有什么大不了。从好的方面来说，蚂蚁会做很多正面的事情，例如，在不照料蚜虫时，它们会捕食许多小害虫，比如蔬菜和果树上的蛾类毛毛虫。蚂蚁或许是人类积极管理的第一种生物防治因子，1700年来，中国的柑橘种植者一直在果园里悬挂黄猄蚁（citrus ant）的巢穴。这个蚂蚁物种会凶猛地捕食昆虫害虫，而且对照料蚜虫没有兴趣。据说还可以通过在地里筑巢的蚂蚁的挖洞行为保持土壤健康并透气，从而帮助蚯蚓，以及借由这种蚂蚁向地下搬运食物的活动增加土壤的营养水平。总而言之，这些小生物很可能利远大于弊。

蚂蚁的成功在很大程度上和它们的社会生活方式有关，这也是它们在地球上的数量异常丰富的原因。就像它们的表亲蜜蜂和黄蜂一样，蚂蚁群体由一大群致力于帮助母亲的姐妹组成。在一些热带蚂蚁物种中，一个蚂蚁群体可以包括多达1000万只工蚁，不过英国的黑毛蚁群体很少超过1万只个体。尽管如此，在狭小的空间内仍然生活着大量蚂蚁姐妹，你可能会觉得在这种情况下很容易出现激烈的竞争，但在大多数时候，蚁穴内的生活是相对和谐的。[①] 每只蚂蚁都会专门从事某项特定任务，并高效地执行该任务，年轻的蚂蚁通常待在蚁穴内，照顾幼崽或修理隧道，年

159

① 这并不是说没有冲突。某些物种的工蚁可以产卵，而它们可能会为这种权力相互争斗，并与它们的蚁后争夺谁可以产下雄性后代。如果你想了解更多，一定要读一读博尔特·霍尔多布勒（Bert Hölldobler）和爱德华·O. 威尔逊（Edward O. Wilson）的精彩著作《蚂蚁的故事》（Journey to the Ants）。

长的蚂蚁可能负责觅食或者保卫蚁穴免遭入侵者的侵袭。在蜜罐蚁（honeypot ant，分布在美国、非洲和澳大利亚干旱地区的一系列蚂蚁物种中），一些工蚁变成了活的果酱罐，被它们的姐妹用大量的花蜜喂养，以至于它们的腹部变得非常膨胀和透明，形成一个葡萄大小的蜜罐。它们是蚁穴的食品储藏柜，和蜜蜂用蜂蜜装满的蜂巢小室有着同样的用途。这些蚂蚁个体可能一生都附着在地下洞穴的天花板上，因为过于沉重而无法移动，而且它们无论如何都太胖了，无法轻易通过蚁穴的隧道。澳大利亚原住民非常珍视这些蚂蚁，因为它们在干旱的内陆地区提供了稀有而宝贵的甜味液体。

到目前为止，蚁后的工作最具挑战性，因为它必须独自找到巢穴。在黑毛蚁中，年轻的蚁后在它的婚飞中交配一或两次，然后扭曲身体咬掉自己的翅膀，再挖洞钻进土壤。它会堵住洞口，将捕食者挡在外面，然后在与世隔绝的黑暗中安静地产卵。蚁后会连续数月不离开自己的幼崽，也不进食，依赖自己的脂肪储备和自己多余的飞行肌肉，设法养活自己和生长中的幼崽。当它的后代成为成年工蚁时，它们就会打开蚁穴的入口，开始觅食。此时的蚁后可能已经损失了一半的体重，所以它的女儿们需要迅速找到食物以恢复它的健康，如果它死了，它们注定都会死。从此刻起，蚁后的任务很简单，它唯一的工作是制造卵子，并使用早已死去的配偶的精子为卵子授精。

在一些蚂蚁中，包括黑毛蚁在内，两或三只年轻蚁后有时

160

会占据同一个洞穴，维持一种不稳定的休战状态。它们甚至会通过"交哺"（trophallaxis）——嘴对嘴交换呕吐物这一令人不快的习惯为对方提供食物。这些拥有多只蚁后的蚁穴在早期阶段存活率较高，而且因为每只蚁后都会产下后代，所以它们会共同产生数量更多的工蚁，因此当蚁穴对外界打开时，成功的机会就会更大。这看上去似乎是一种明智的策略，但是它有极大代价：当蚁穴打开时，年轻的蚁后们会彼此搏斗，一直到死。胜利者将继承蚁穴和所有工蚁。

考虑到每年产生的年轻蚁后的数量，它们当中的大多数必然会失败。要么单枪匹马建立一个蚁穴，要么与某个小型联盟建立一个蚁穴再为了继承它战斗到死，这两种做法显然都是高风险策略。这大概解释了某些蚂蚁如遮盖毛蚁的蚁后为什么会采取另一种策略，即入侵其他物种的现有蚁穴，杀死其中的蚁后，奴役后者的工蚁。

无论年轻的蚁后选择什么策略，它们都面临着充满挑战且复杂的早期生活，而雄蚁的生活则简单得多，但是这种简单的生活很短暂。它们是相当虚弱的生物，长着小小的翅膀，它们的生命只有一个目的，那就是交配，而且无论它们能否在分群季中找到配偶，都只能活一两天。

工蚁在一年中的大部分时间里占蚁群的大多数，它们分担必须由它们完成的所有工作，如果必要的话，它们可以在不同的任务之间切换。这种分工显然是一种成功的策略。一只蝴蝶或

161

蚱蜢必须自己做所有的事，包括寻找食物、躲避捕食者、寻找和追求配偶以及产卵等，然而在大多数情况下，蚂蚁只需要擅长一件事。蚁后拥有膨胀的腹部，可以产下数千枚卵，还有翅膀帮助它找到良好的筑巢地点，而雄蚁很轻，也有翅膀帮助它们完成寻找配偶的任务。工蚁完全舍弃了翅膀，因为它们永远不需要远离自己出生的蚁穴。在一些蚂蚁如热带切叶蚁中，工蚁的大小和它们的任务相关，小型工蚁专门做蚁穴内的工作，中型工蚁负责采集叶片，而最大的工蚁守卫巢穴，抵御食蚁兽等大型捕食者的侵袭。一个蚁群内数万乃至数百万个蚂蚁个体的行动是通过交流进行协调的，这种交流一般通过使用各种腺体分泌的化学物质实现，但也会使用振动和身体信号，例如挥动触角或腿，或者改变身体姿势。这种交流让蚂蚁能够召集同巢蚂蚁前往良好的食物来源、指示蚁穴正在遭受攻击、请求提供食物或援助，或者协调复杂的任务，例如修建蚁穴或劫掠其他蚁穴。以这种方式开展团队合作显然是非常成功的策略，这让蚂蚁能够适应多种多样的栖息地：从干旱的沙漠到雾气腾腾的雨林，从英国郊外的花园到北极圈深处，到处都有兴旺发达的蚂蚁种群。

交流是协调蚁群内众多蚂蚁活动的关键，它是由化学、视觉和听觉信号构成的一套密码，但是这套密码是可以破译的。霾灰蝶就是成功的破译者，通过模仿蚂蚁幼虫的气味，愚弄宿主使其照料自己。其他许多生物也进化出了类似的花招。有一种微小的红棕色黄蜂名叫地下点径蚜茧蜂（*Paralipsis enervis*），它是蚜虫的寄生蜂，所以必须躲避守卫蚜虫的蚂蚁才能将卵产在目标寄主体内。这通常是一项危险的任务，因为它比装备精良的蚂蚁小得多，但它已经进化出了类似黑毛蚁的气味，所以会被忽视，此外，它实际上会向守卫蚜虫的蚂蚁索要食物，因此，它可以在蚜虫群体中自由活动，随心所欲地吃掉含糖的蚂蚁呕吐物，寄生被蚂蚁放牧的蚜虫。然而，它只破译了黑毛蚁的密码。其他蚂蚁物种要么忽视它，要么杀死它，这取决于蚂蚁的种类。

很多其他生物也欺骗蚂蚁，包括各种甲虫、半翅目昆虫和蜘蛛，要么只是简单地骗过它们，让自己可以安全地生活在蚁穴内，要么骗术高超，能够吃掉蚂蚁或者蚂蚁的食物。天敌对蚂蚁群体的这种渗透说明了一个重要的问题：蚂蚁能够以复杂和令人惊叹的方式进行集体行动——例如火蚁在发洪水时可以组成一张筏子，将蚁后和幼崽运送到安全的地方——但是作为个体，它们天生只能机械地行动。尽管它们能够进行有限的学习，但它们无法判断出自己正在被骗。它们仅有的反应是一种进化意义上的反应，即如果渗透者的数量太多，给蚂蚁造成沉重的损失，它们最终就会在自然选择驱使下改用不同的信号。这是极慢版本的战时密码编制者和破译者之间的战斗，通常在数千年的尺度上发生。

破译密码的蝴蝶、寄生蜂和甲虫肯定会对蚂蚁的数量产生一些影响，但是到目前为止，蚂蚁面对的最危险的敌人是其他蚂蚁。蚂蚁战争是蚁群之间充满暴力和血腥的争斗，而且很常见。因为蚂蚁数量丰富，所以工蚁经常会遇到来自其他蚁群的蚂蚁，既有自己这个物种的，也有其他物种的，而且蚁群本身常常离得很近。大多数蚂蚁是不挑食的杂食动物，因此邻近蚁群很容易直接争夺食物，即便它们属于不同的物种。此外，蚂蚁喜欢吃其他物种的蚂蚁，甚至会自相残杀，吃掉自己物种的成员——幼虫尤其美味多汁，所以邻近蚁群既是争夺食物的对手，本身也是潜在的食物。这让它们之间的关系很不稳定。正如霍尔多布勒和威尔逊所说："蚂蚁的外交政策可以总结如下：永不停歇的侵略与领地征服，以及尽可能对临近群体展开种族灭绝。如果蚂蚁有核武器，它们大概会在一周之内毁灭世界。"自然是和谐的，这样的观念或许曾存在于你心中，现在想必已经烟消云散了吧。

大多数蚂蚁都配备了尖利的颚以及引起刺痛或者有毒的喷雾，因此对于战斗而言，它们装备精良。蚂蚁似乎会权衡对手蚁群的实力，如果双方的军队规模相当，那么它们通常会避免直接开战，想必是因为两个蚁群都会蒙受惨烈的损失，这相当于我们所说的"相互确保毁灭"的概念。然而，如果一方的实力显著弱于另一方，那么它们的邻居就会发动全面攻击，集结起来碾压对手，咬掉它们的腿和脑袋，或者用酸或其他有毒物质喷洒它们。工蚁一旦被击溃，蚁后和它的幼崽就会被杀死，或者在有些情况下，幼虫和蛹会被新蚁群当作自己的后代带回家收养。当它们成年后，这些被收养的蚂蚁大概不会意识到自己如今在为杀害自己母亲和姐妹的蚁群工作。在蜜罐蚁中，腹部膨大且全都是蜜的成年蚂蚁会被入侵势力绑架，拖出自己的蚁穴，强行塞进临近的蚁群中为它们提供服务。正如你可能猜到的那样，年轻的蚁群特别容易遭受攻击，如果它们距离成熟蚁群太近，它们肯定会被蹂躏和消灭。在每年夏天出生的数以百万计的年轻蚁后中，很大一部分将被其他蚂蚁杀死。

在某些类型的蚂蚁，例如生活在墨西哥的热带大头家蚁（big-headed ant）中，如同它们的名字一样，存在超大尺寸的工蚁，它们有硕大的头，里面充斥着肌肉，用来驱动它们可怕的颚。这些工蚁擅长战斗，尤其是抵御行军蚁（army ant）的突袭，它们要么在蚁穴入口附近和侵略者厮杀，要么在感到巨大压力时撤回蚁穴入口，将自己的头用作尺寸贴合、几乎无法通过的塞子，阻止突袭者进入。在和蜜罐蚁战斗时，美国西南沙漠地区的蚁科琉璃蚁亚科 Conomyrma 属蚂蚁会将小卵石投入敌人的垂直洞口，这是昆虫使用工具的罕见例子。马来西亚的一些弓背蚁属（Camponotus）物种拥有和身体一样长的巨大腺体，其中充满了有毒分泌物。在受到严重威胁时，例如在被实力更强大的蚁群压制或者被某种更大的捕食者攻击时，它们会猛烈收缩腹部肌肉令自己爆炸，这会使它们死亡，但也会将黏稠的毒药洒在对手身上。蚂蚁进化出农业以及自杀式炸弹袭击者的时间似乎比我们早得多。

考虑到蚂蚁在精神方面的疯狂倾向，一个颇为矛盾的事实是，这些微小的生物竟然出人意料地长寿。例如，黑毛蚁蚁后可以轻松生存 15 年，未经证实的报告声称它们可以存活长达 30 年。

也许更令人惊叹的是，由于它们只在成年初期的婚飞中交配，却能在一生中继续生产后代，这意味着它们通过某种方式将精子储存在体内长达数十年。工蚁可以存活 4 年左右，而且是有趣且非常便宜的"宠物"。市面上有各式各样的商业化人造蚁巢（或"蚂蚁农场"），通常由两块玻璃板或有机玻璃板组成，二者相距约 2 厘米，固定在一个框架中，里面填满潮湿的沙子或土壤。和孩子们一起安装它是很有趣的经历。我所有的儿子都养过蚂蚁，我自己在大约九岁或十岁时也养过。将十几只工蚁（在花园里的石头或铺装石板下面很容易找到）引入一个洞腔，它们就会忙于四处挖洞，创造出一个布满洞室和隧道的网络。如果你在采集成虫时还收集了一些乳白色的幼虫，它们往往还会照料这些幼虫，通常会建造一个"育婴室"来容纳它们。只要你时不时往一个小碟子里添加几块食物碎屑和一两滴糖水，它们就能存活数年。

我有一种强烈的预感，无论我们对地球做什么，在我们消失很久之后，蚂蚁还会存活在地球上。它们出现于恐龙在地球上徘徊的时代，已经存在了 1 亿年。这些微小的昆虫残酷无情，是后院里的微型终结者。它们值得我们尊敬，尽管它们根本不在乎这一点。

# 9
## 扭动的蠕虫

### 制作萨塞克斯蜂蜜苹果布丁

配料："布拉姆利"苹果 450 克，蜂蜜 4 汤匙，水 2 汤匙，面包屑 50 克，肉桂 1/4 茶匙，杏仁碎 50 克，幼砂糖 100 克，散养鸡蛋 1 个，黄油 75 克

1. 苹果去皮切片，放入蜂蜜水中煮软。

2. 加入面包屑和肉桂，放入可烘焙浅盘。

3. 融化黄油，加入杏仁、糖和打发鸡蛋，然后将它们铺在苹果混合物上。

4. 在 190℃下烘焙 45 分钟，直到顶部变成棕色。

搭配蛋奶沙司或香草冰激凌，绝对美味，这是我最喜欢的热布丁。

我为蠕虫担心。这似乎是一种奇怪的担忧，但在我看来，它们没有得到足够的关注，它们被忽视了。它们还好吗？有人关照它们吗？让人烦恼的是，答案分别是：a) 我们不知道；b) 不，并没有。这是我们所有人都应该感到困扰的事情，因为在地球上（也许我应该说"在地里"）几乎没有任何生物如此重要。

我应该澄清一下，我不是在泛指任何种类的蠕虫（worm）；我所指的很具体，就是蚯蚓（earthworm）这种扭动的"野兽"。很遗憾的是，每次园丁将铁锹插进土里时，几乎都会把它们切成两半。世界上还有许多其他种类的蠕虫——例如扁形虫（flatworm）、绦虫（tapeworm）、线虫（roundworm）、螠虫（spoon worm），甚至还有鳃曳虫（penis worms，字面意思是"阴茎虫"）——但我们还是改日再谈它们吧（不过，要是你或者阅读本书的任何雄性蠼螋为此担心的话，我可以向你保证，阴茎虫既不生活在阴茎里，也不吃阴茎，只是长得像阴茎）。你可能会想，蚯蚓有什么重要之处，会让我深夜躺在床上不眠不休地担心它们。答案当然是这些低等生物执行着一项单调乏味但至关重要的任务，以此保持土壤健康并循环利用死亡的有机物。如果没有它们，作物和野生植物的生长速度会慢得多，最终人类和地球上其他所有动物的食物都会减少。可以说，对于我们生态系统的健康和人类的福祉，蚯蚓可能比蜜蜂更重要（你大概知道我对蜜蜂的态度）。

查尔斯·达尔文写过一本关于蚯蚓的书，书名起得很精当,《蚯蚓作用下腐殖土的形成,以及对蚯蚓习性的观察》(*The Formation of Vegetable Mould, Through the Action of Worms, With Observations on their Habits*)。他写道:"在世界历史的进程中,像这些毫无组织力的生物那样产生巨大影响的动物恐怕寥寥无几。"在克里斯托弗·劳埃德(Christopher Lloyd)趣味盎然的书《地球上到底进化出来了什么》(*What on Earth Evolved*)中,他列出了这颗星球上最重要的 100 种野生动物,并将蚯蚓列为第一。正如劳埃德所说:"蚯蚓在哪里犁地,哪里就有人类繁衍生息。蚯蚓消亡,社会崩溃。"我的担忧现在看上去也许不那么蠢了。

那么,蚯蚓到底是什么,它们如何完成如此庞大的任务?从生物学的角度说,蚯蚓属于巨大而古老的环节动物门,这是一群身体分节的管状生物,包括沙蚕(ragworm)和水蛭,它们至少 5 亿年前就已经在海底的淤泥里四处滑行了。蚯蚓的祖先很可能是从海洋爬上岸的首批动物之一,不过正如你可能猜到的一样,它们不容易变成化石(因为没有骨骼),所以我们对蚯蚓的进化知之甚少。蚯蚓是结构简单、身体柔软的动物,只不过是一根肌肉管,一端有嘴,另一端有肛门,两者之间有一条线形肠道。它们不用肺或鳃,而用皮肤呼吸,这意味着它们很容易变干,只能生活在潮湿的地方。它们拥有一套很原始的神经系统,身体前端靠近嘴的位置只有一个非常简单且多余的大脑。它们没有眼睛,只在背部分布着一些特化感光细胞,可以让它们知道自己是不是愚蠢地爬到了青天白日下面,这种行为会让它们很容易成为鸟类的

169

午餐。

　　蚯蚓的身体构造是如此简单，和法国贵族不同的是，要是它们被砍下头，只会给它们带来非常轻微的不便，大多数蚯蚓物种在头被移除之后都能毫不费力地把它长回来。你可能觉得把蚯蚓切成两半是叛逆小男孩的保留节目，但是从 20 世纪 20 年代末到 60 年代，美国科学家 G. E. 盖茨（G. E. Gates）把这 40 年的大部分时间都花在了研究蚯蚓的再生能力上。公平地说，他并不只是把蚯蚓切成两半，他的专长是分类学——物种的命名和分类。他去缅甸和印度做过几次野外考察，并在考察任务中发现了许多新的蚯蚓物种。我把他想象成一个勇敢的探险家，戴着木髓遮阳帽，身上挂满铲子和果酱罐子，披荆斩棘地在丛林里开路，寻找新的奇妙蚯蚓。在他不去热带异域考察的时候，他会从不同的蚯蚓物种身上切下各个部位，看看它们能不能再把这些部位长回来。盖茨为自己对肢解蚯蚓的痴迷辩解，说这是"因为其他人几乎对此不感兴趣"，但我不确定这对于将其作为毕生工作来说是不是足够充分的理由。他留下的遗产是几篇科学论文，其中包括对他开展的截肢实验的详细描述。他发现，不同种类的蚯蚓对身体分裂的反应非常不一样。很多蚯蚓可以很容易地重新长出头部，但不能长出尾部，例如在美国被称为"夜行虫"（nightcrawler）的陆正蚓（*Lumbricus terrestris*，英文名 common lob worm），而有些蚯蚓可以再生出尾部，但不能再生头部。他发现只有一个物种的前半部分和后半部分都可以再生，但前提

170

是从正确的位置切开——从头部一端开始数的第20~24节，该物种是略带红色的赤子爱胜蚓（*Eisenia fetida*，英文名 brandling worm）。因此，他可以克隆蚯蚓，用一条蚯蚓创造出两条遗传上完全相同的完整蚯蚓。这可能不是最有用的发现，却令人着迷。

尽管英文名字里带"土"（earth）字，但并不是所有蚯蚓都生活在泥土里。有些蚯蚓栖息在潮汐滩涂地带，有些生活在溪流和池塘底部，有些生活在早已死去的腐烂树干中，还有一些富于探险精神的物种是树栖物种，生活在大树分叉处的落叶和碎屑里，有时会钻进腐烂的树洞。即便是那些生活在泥土里的蚯蚓，它们的习性也非常多样。有些生活在土壤表面的落叶中，例如赤子爱胜蚓。还有一些主要在30厘米厚的土壤表层中水平挖洞，例如背暗异唇蚓（grey worm）①，而陆正蚓会挖1米或更深的垂直洞穴，夜晚爬上地表抓取落叶，再将它们拖到自己地下深处的巢穴。

让我们看看是什么让蚯蚓如此不可或缺。它们最重要的作用是创造肥沃的土壤。蚯蚓吃腐烂的有机物，如堆肥、落叶、小动物的尸体和真菌物质，它们会把这些东西吸进自己身体前部的咽中。然后，在伴随食物一起摄入的矿物质颗粒的帮助下，这批食物会被碾碎，蚯蚓还会往里面添加消化酶。蚯蚓吸收部分养分，但大量腐烂植物材料和矿物质颗粒被一起研磨成细腻的糊状，最

---

① 在热播电视剧《权力的游戏》（*Game of Thrones*）中，一名勇猛的阉人武士也叫"grey worm"这个似乎不太搭调的名字（中文版将其直译为"灰虫子"。——译者注）。

终被排泄出来，在有些物种中，这些仿佛铸件的排泄物会被留在土壤表面。研究发现，与周围表层 6 英寸（150 毫米）的土壤相比，新鲜蚯蚓粪的有效氮含量是其 5 倍，有效磷含量是其 6 倍，有效钾含量是其 11 倍。每只蚯蚓每年能够生产 4.5 千克营养丰富的粪便。① 在一座满是蚯蚓的健康花园，这相当于为你的植物提供了大量茁壮生长所需的优质堆肥。

除此之外，蚯蚓的另一项重要工作是为土壤通气，让氧气向下渗透到植物的根部，防止土壤变得紧实，帮助水渗入地表之下以减少暴雨径流，从而减少下游洪水。因为没有坚硬的骨架，蚯蚓通过简单的液压系统移动。它们的身体中央是一管液体，包裹在环绕每一节的环状肌肉和沿着蚯蚓身体延伸的纵向肌肉中。如果环状肌肉收缩，蚯蚓的身体会变窄，然后因为体内的液体必须去别的地方，它必然会变得更长——可以把这个过程想象成挤压一个又长又细的气球。相反，如果纵向肌收缩，蚯蚓会变得短胖。在移动时，蚯蚓交替收缩这两套肌肉。这些收缩本身不会将蚯蚓带到任何地方，但是蚯蚓还有从体侧伸出的可伸缩刚毛，可以将身体的一部分固定在原位。因此，当蚯蚓用刚毛固定尾部，并挤压环状肌肉时，它的头部就会向前推进。然后它固定头部，再用纵向肌肉将尾部拉上来。可以想象，这不是个快速的过程。

---

① 蚯蚓粪被一些人认为不美观，而且在高尔夫球场上也不受欢迎，所以过去人们常常将杀虫剂倾倒在观赏草坪上以杀死所有蚯蚓，如有机氯化物林丹或氨基甲酸酯杀虫剂等。幸运的是，如今这样的做法在大多数发达国家都是违法的。

如果开足马力，一只大型陆正蚓的最高速度大约为每秒1厘米，更小的蚯蚓物种还要慢得多。有些蛞蝓都比它们快。

液压运动的速度可能不快，但是就像拖拉机或挖掘机的液压一样，它的力量十分强大。一只蚯蚓可以施加超过自身体重100倍质量的压力，让土壤裂开缝隙，以使自己能够在必要时穿透被压实的地面。它会分泌一种起润滑作用的黏稠液体，帮助自己从土中钻过。所有这些挖洞行为不但提供了空气扩散的通道，实际上还将空气向上和向下泵送，因为蚯蚓的身体在穿过这些隧道时起到活塞的作用。夜里，当一只陆正蚓从地下深处向上挖洞觅食时，它会将身后不新鲜的地下空气吸上来，然后当它拖着一束树叶返回地下时，又会将新鲜空气推入土壤深处。当然，蚯蚓并不是有意这样做的。就像蜜蜂起飞不是为了去授粉一样——它的目标是采集食物，一只蚯蚓也不打算制造堆肥，为土壤通风和排水，但尽管如此，它还是做得非常好。亚里士多德显然认识到了它们的价值，贴切地将蚯蚓称为"地球的肠子"。埃及艳后克里奥帕特拉并不以她的环保资历闻名，但她似乎非常热衷于保护蚯蚓，因为她宣布蚯蚓是神圣的，所有臣民都应该尊重和保护它们。古埃及人发现了蚯蚓和土壤活力之间的联系，根据克里奥帕特拉制定的有些严厉但值得称赞的皇家法令，任何人被抓到将蚯蚓带出埃及都将被处死。历史记载没有揭露走私蚯蚓在当时是否确实是重要的问题，或者是否真的发生过针对这种罪行的处决。

除了在维持土壤健康方面至关重要且早已为人熟知的作用

之外，蚯蚓还为喜爱野生动物的园丁提供了额外的好处，因为它们是重要的食物来源（同样地，蚯蚓也没有主动寻求参与其中）。蚯蚓是很多花园鸟类食谱中的重要部分，例如乌鸫、椋鸟、乌鸦、猫头鹰和欧亚鸲（robin）。在乡村地区，蚯蚓为稀有和衰退中的物种提供了重要的食物，例如杓鹬（curlew）和鸻（lapwing）。从鼩鼱和刺猬，到狐狸、獾和熊，蚯蚓还是很多哺乳动物偏爱的零食。

正是因为有如此之多的动物想要吃掉它们，所以各种蚯蚓大部分时间都躲在它们挖出来的看不见的洞穴里。这很好，因为它们的"装备"过于糟糕，无法长时间生存在露天环境下。它们也许很强壮，但是以每秒 1 厘米的速度跑过捕食者的可能性微乎其微（说"跑"已经是言过其实了）。出于显而易见的原因，当它们真的来到地面时，它们往往会待在洞口附近。在大多数蚯蚓物种中，面对饥饿的鸟，它们唯一的防御手段就是尽快缩回洞里。达尔文对这种反应很感兴趣，他将若干盆蚯蚓放在自己的钢琴上然后敲打不同的键，以这种方式探讨了什么声音会导致蚯蚓缩回。根据他的说法，当他弹出一个低音 C 时，这些蚯蚓"就像兔子一样冲进自己洞里"，不过考虑到我们对蚯蚓速度的了解，这似乎是达尔文少有的夸张之语。

如果它们寻找掩护的速度太慢，让自己的头被饥饿的乌鸦的喙抓住，蚯蚓就会通过收缩纵向肌肉令身体在洞中的部分膨胀起来，然后伸出体侧的可伸缩刚毛，将自己锁定在原位。通常的结

174

**扭动的蠕虫**

果是蚯蚓断成两截，但是正如我们在前文了解到的那样，根据断裂位置，这种情况的后果并不总是灾难性的。

有些蚯蚓物种在受到攻击时还会采取其他手段。赤子爱胜蚓的拉丁学名种加词是"*fetida*"，这是因为当它受到攻击时，它会从体侧的小孔喷出一种气味很臭的液体。这似乎并不完全有效，因为这些蚯蚓是很受欢迎的鱼饵，但是也许这种液体在驱赶鸟类或鼹鼠方面比驱赶鱼类更成功。有一种名字起得很欢乐的蚯蚓叫"澳大利亚蓝色喷射蚓"（Australian blue squirter worm，拉丁学名 *Didymogaster sylvaticus*），它的防御手段更令人印象深刻。这种蓝紫色蚯蚓的尺寸跟法兰克福香肠差不多，在受到攻击时，这种略显猥琐的生物会通过液压作用从背上的多个毛孔喷出自己的体液。由此产生的细小柱状黏稠液体可以喷射到空中将近 30 厘米高，想必足以将一只饥饿的笑翠鸟吓得愣住——如果这种蚯蚓的外表一开始还不足以唬住它的话。

许多种类的蚯蚓必须来到地表寻找配偶，有时大量蚯蚓会在潮湿、温暖的夏夜里爬到地表同时交配。在性方面，蚯蚓比大多数其他动物都有优势，因为它们是两性的，同一只个体既是雄性也是雌性。这并不意味着它们可以和自己交配，这样的行为毫无意义，因为有性生殖的好处是将两个个体的基因打乱重组，在后代中产生独特的基因组合。但是这的确意味着它们可以和任何其他相同物种的成年个体交配，当它们头尾相接躺在满是露水的草丛里时，每只蚯蚓都可以向对方贡献精子。交配后，来自配偶的精子可以在蚯蚓体内储存数天甚至数周，在此期间，蚯蚓的生殖带（saddle，在任何成年蚯蚓身上都能看到的浅色膨大环带）会分泌一圈黏稠的物质，有点像一根微型橡皮筋。然后蚯蚓会小心翼翼地向后退，让这个环向前滑过身体的雌性部位，并在经过时附着大约 20 个卵子，之后再让它经过身体储存配偶精子的地方，为这些卵授精。最后，蚯蚓完全从这个环中滑出，在这个黏稠的环里留下受精卵，卵外的黏稠物质干燥收缩，形成一个微小的柠檬形状的物体，奇怪的是它被称为"茧"（茧更多地用来描述蛾类毛毛虫将要化蛹时为保护自己而纺织的丝质保护套）。当小蚯蚓在两至三个月后孵化时，它们看上去就像父母的微型版本，但是身上没有生殖带，这个部位只有在性成熟时才会发育。

多亏了 G. E. 盖茨等人的努力，我们知道地球上至少有 6000 个蚯蚓物种。陆正蚓是英国最大的蚯蚓，寿命可达 8 年——如果它们足够幸运或者足够聪明，能够在这么长的时间里躲过众多捕食者的话。已知的最大样本是 2016 年在威德尼斯（Widnes）发现的，长 40 厘米，重 26 克。发现它的男孩给它起名叫戴夫。令人悲伤的是，它现在被泡在伦敦自然历史博物馆的一个罐子里，标签上写着"陆正蚓，名字叫戴夫"。然而，和在澳大利亚南部维多利亚州发现的尺寸如蟒蛇的吉普斯兰大蚯蚓（Gippsland giant earthworm）相比，戴夫只是个小不点儿。这种庞然大物可以长到 3 米长，围长约 9 厘米，但是吉普斯兰大蚯蚓在非洲巨型蚯蚓（African giant earthworm）面前也是个小角色。1967 年在南非路边发现的一只非洲巨型蚯蚓据说将近 7 米长，重达 1.5 千克。在另一个极端上，最小的蚯蚓物种仅有 1 厘米长。可以肯定的是，如果有人想要成为下一个 G. E. 盖茨，还会有更多这样的低级生物被发现。

蚯蚓在生物学上的重要性很大程度上取决于它们的数量。如果不是蚯蚓的数量惊人地庞大，它们在制造堆肥、给土壤通气和为饥饿动物提供食物方面的作用不会特别显著。2004 年，研究人员对达尔文故居（Down House，达尔文一生大部分时间都在此居住）菜园里的蚯蚓进行了调查，发现每平方米有 700 多条蚯蚓。这相当于每公顷 700 万条蚯蚓，总重量可达 2.5 吨。近些年来对牧场的调查发现，每公顷牧场通常含有 200 万至 300 万条蚯蚓，总重量超过 1 吨。有些农场土壤中蚯蚓的重量大大超过农场牲畜的重量。在某些生境中，蚯蚓的重量可以超过其他动物的总和。这就是它们如此重要的原因，几条蚯蚓几乎什么也做不了，但数百万条蚯蚓共同作用，就可以改变土壤的健康状况。

考虑到蚯蚓对我们的巨大价值，照顾它们是明智之举，但事实上，我们对它们的生存状况以及它们的数量可能发生了什么变化都知之甚少。过去的一百年见证了农耕方式的巨大变化，包括拖拉机耕作的出现、合成化肥和各种新式杀虫剂的引入等。我们知道，在这段时期，其他野生动物的数量不断减少，有些物种减少得非常剧烈。考虑到至少从亚里士多德时代起，蚯蚓的重要性就已经得到了充分的认识，你或许会以为我们会有某种长期的蚯蚓监测方案，来告诉我们蚯蚓是在增加还是在减少。

令人惊讶的是，直到最近，世界上的任何地方似乎都没有这样的方案。在英国，如今有一个由伦敦帝国理工学院露天实验室项目（Open Air Laboratories，OPAL）运行的"公民科学"蚯蚓记录计划，它鼓励公众统计和鉴定他们花园里或当地常见的蚯蚓物种，但因为该计划是新鲜事物，所以它不能告诉我们蚯蚓的生存状况是如何随着时间改变的。

我很想知道我花园的土壤里有多少蚯蚓。OPAL办了一个有用的网站，在上面提供了一套简单的蚯蚓计数方案，还有常见蚯蚓物种的颜色鉴定指南。只要你不介意跪在地上弄得全身是泥，这是一件既有趣又容易做的事情，只需要挖一个长方形的小坑，在土壤和根系中仔细寻找蚯蚓即可。我儿子赛斯很喜欢这件事，初秋的一个周日早上，我们一起挖了六个坑，尝试鉴定我们发现的蚯蚓。我们清点并丢弃了没有成年的蚯蚓（没有生殖带的那些），因为它们是无法鉴定的。事实证明，即便是成年蚯蚓的鉴定对新手来说也有点难以应付，因为英国有大约30个不同的物种，所以我们把这些蚯蚓放进一个白色塑料浅托盘里，再把它们带进厨房，以便和我笔记本电脑上电子检索表中的图片进行对比。每秒1厘米的速度听上去并不快，但是当有50只蚯蚓同时向四面八方爬动时，你很难一边盯着它们，一边寻找微妙的鉴定特征，很快蚯蚓就在我们的桌子上爬得到处都是，有的还掉在了地板上。尽管如此，这段经历还是很有趣，我们鉴定出了至少六种不同的蚯蚓：陆正蚓、赤子爱胜蚓、粉正蚓（redhead worm）、背暗异唇蚓、绿色异唇蚓（green worm）和黑头蚯蚓（black-headed worm）。老实说，它们的名字具有一定的误导性，我觉得命名者肯定有生动的想象力。尽管名字五花八门，但所有蚯蚓实际上都是灰色和红紫色的混合体。黑头蚯蚓的头并不是黑的，而绿色异唇蚓只有一丝淡淡的绿色。我们可能还有一条八角尾蚯蚓（octagonal-tailed worm），但我怎么也看不出它的尾部是八角形的（鉴定指南无济于事地解释说，这个特征"在活蚯蚓身上很难看到"）。花园各处的蚯蚓数量略有不同，数量最多的是我们在肥堆旁边挖的一个坑里。总体而言，我的花园里每平方米平均有511条蚯蚓，大多数是未成年的，但也有不少成年蚯蚓和一条长达20厘米的陆正蚓（当然，跟戴夫没法比）。粗略计算，这意味着我的花园（面积约1公顷）大约有500万条蚯蚓，它们都在静悄悄地挖洞和排泄堆肥，这虽然比不上达尔文故居的数量，但我相当满意。

我想知道这个结果与耕地相比如何。距离我的房子大约300米处，在和我家花园一样的重黏土上，有一片很大的农田（大约20公顷），它位于一个大型农庄的边缘，旁边有一条人行道。在我的花园调查结束的第二周，我带着水桶、铲子和笔记本偷偷溜了进来，看看能找到什么。目光所及之处看不到房子，这是个安静的区域，但是在别人的土地上挖小洞，我仍然感到自己非常显眼并为此羞愧。我想我本应该征得许可，但是我不知道该问谁，而且反正我也不会带走任何东西。这片田地在那年早些时候种过小麦，现在只剩下残茬了，所以几乎没有任何植被阻碍我的挖掘。虽然挖掘很容易，但是挖出的蚯蚓数量令人失望：平均每平方米约32条（每公顷约30万条），相当于我花园里蚯蚓密度的6%。

当然，对于发生在蚯蚓身上的事，这些数字本身并不会告诉我们太多内容。如果有人可以对采取不同管理方式的数十个（数百个更好）花园和农业生产地点进行采样，就有可能梳理出是什么因素决定了蚯蚓的数量。理想情况下，如果我们有一个长期运行的全国性蚯蚓监测方案，几十年来每年都使用标准流程对分散在全国各地的多个地点进行调查，那么我们就会确切地知道正在发生什么。鉴于蚯蚓的重要性早已为人所知，令人惊讶的是竟然没有人想过要实施这样的方案。通过搜索科学文献，我可以找到一些稀稀落落的来自不同生境、地点和年份的蚯蚓密度测量结果。与我调查的那块农田相比，最近大多数对耕地土壤所做的调查发现的蚯蚓更少，常常不超过每平方米20条。在20世纪50年代开展的耕地研究往往有更高的数字，在每平方米150条至300条的范围内。在六七十年代我正在长大的时候，我清晰地记得成群结队的海鸥跟在犁地的拖拉机后面捡被翻上来的蚯蚓吃，但现在几乎再也看不到了。也许这是因为蚯蚓少了，或者海鸥少了，或者农民犁地少了，或者是我的记忆有问题。蚯蚓数量变化很大，而每一块农田的管理历史都不一样。我们可以初步得出的结论是，花园对蚯蚓来说似乎是很好的地方，耕地就不那么好了，而且耕地中的蚯蚓数量在过去 50 年左右有所下降。

为什么耕地不像花园土壤那样对蚯蚓友好呢？农药可能产生了一些影响。英国的耕地作物每年常规使用大约 20 种不同的农药，包括杀虫剂、杀真菌剂、杀软体动物剂和除草剂。虽然短期毒性测试经常在蚯蚓身上进行，但我们几乎不知道长期接触这么多化学物质对蚯蚓种群的影响，就像我们不知道这对蜜蜂或者对我们的影响一样。在播种前对作物种子施加多种农药，这常常被认为是一种比从拖拉机后部喷洒更安全的方式，但是从蚯蚓的视角来看（如果一种没有视力的动物可以有视角的话），这么做就是在地里埋下很多小包浓缩农药，在地下旅行时很容易撞上它们。铜常常用作园艺作物的杀真菌剂（有机农场允许有限使用），它对蚯蚓有极强的毒性，并且可以在土壤中积累。过去，有些农药在被发现明显对蚯蚓有剧毒之前曾被广泛使用，例如杀真菌剂苯菌灵（Benomyl）。苯菌灵曾被用来控制商业果园里的苹果黑星病，直到人们发现它会杀死大量蚯蚓，它几乎将陆正蚯消灭干净。一个意想不到的副作用是，由于没有蚯蚓将落叶拽到地表之下，黑星病病菌变得更猖獗了，因为这种真菌在这些落叶上越冬，然后在第二年春天产生感染幼嫩枝叶的孢子。

除了农药，你可能会以为，耕地中蚯蚓数量较少可能与机械耕作、犁地、耙地等有关，因为这肯定会砸碎它们的洞穴，切碎一些蚯蚓，还会暴露一些蚯蚓，让它们被鸟儿吃掉。相比之下，虽然园丁也会挖土，而且无疑会切碎一些蚯蚓（一只大胆的欧亚鸲通常会飞过来抓住零星的一两只），但他们每年通常只挖占花园一小部分的菜圃，而且你可能会觉得手工挖掘应该不那么暴力，对虫子的伤害也小一些。然而，和直觉相反的是，为期两年的短期实验表明，耕作草地实际上可以增加蚯蚓数量，特别是那些生活在地表附近、水平挖洞的蚯蚓。这可能是因为耕作松了土，让蚯蚓更容易挖洞，或者是因为把草埋起来的操作为它们提供了可以吃的有机质。另外，一些农民近些年来转向使用"免耕"技术，这种技术不耕作土壤，使用一种特殊的钻头在土壤表面开槽播种，有明显的证据表明这也增加了蚯蚓的数量，尤其是那些在深处挖洞的蚯蚓（如陆正蚓），这似乎存在某种矛盾。对这种矛盾的解释似乎是，这一切都和有机质相关，与耕作（或不耕作）的直接关系不大。正如 G. E. 盖茨证明的那样，蚯蚓能够很好地应对被肢解的情况。真正重要的是它们有多少食物可以吃，也就是土壤中含有多少有机质。作物栽培令土壤受到侵蚀，令有机质被氧化，所以耕地土壤往往会随着时间的推移慢慢失去有机质，逐渐变得不那么肥沃，不再适合蚯蚓生活。停止或逆转这一过程的手段包括免耕农业、添加粪肥，或者让土地休养一年再犁耕植被。种植豆科作物（豌豆和其他豆类）似乎也有帮助。只要农民确保土壤中含有大量有机质，蚯蚓就会拥有它们茁壮生长所需的基本物质，作为回报，它们将尽最大努力为农民提供健康、排水良好和肥沃的土壤。

蚯蚓面临的威胁之一是新西兰扁形虫（New Zealand flatworm），尽管事实证明这似乎更像是个哑炮而不是真正严重的威胁。这种黏糊糊的"野兽"长 20 厘米，身体闪闪发亮，呈紫黑色，在 20 世纪 60 年代来到英国，人们认为它们是意外地和盆栽植物一起被引进的。从那以后，它们扩散到英国各地，大概还是由我们传播的，现在在英国相对潮湿的地区很常见，主要是西部和苏格兰。我过去常常在当时我位于苏格兰邓布兰（Dunblane）的花园里的花盆下面找到它们。新西兰扁形虫只吃蚯蚓，它会用自己的身体包裹毫无戒备的猎物，然后分泌一种含有强大消化酶的黏液，将倒霉的蚯蚓融化。接下来新西兰扁形虫就会把这摊营养丰富的蚯蚓糊糊吸干。当这种生物在英国首次被发现时，人们普遍感到惶恐，并猜测这可能是我们的蚯蚓的末日。虽然它的饮食习惯不讨人喜欢，但新西兰扁形虫引发的蚯蚓末日似乎并没有成为现实。蚯蚓在英国北部和西部仍然相当多，而且在我位于邓布兰的花园里也很多，不过，因为没有蚯蚓监测方案，我们只能谈到这一步。

我们所知道的正在陷入严重麻烦的蚯蚓似乎只有那些真正的大家伙。① 俄勒冈巨蚯蚓（Oregon giant earthworm）是一种生活

---

① 有一个例外：佩德湖蚯蚓（Lake Pedder earthworm）。这种 5 厘米长的小蚯蚓只在一个地方发现过，即塔斯马尼亚佩德湖边的一片湖滩上。对于这种蚯蚓而言，不幸的是这片湖滩现在位于一个巨大的新湖泊水面之下数米处。这座新湖的建造是一个极具争议的水力发电方案的一部分，该方案淹没了 242 平方千米的原始森林。这种蚯蚓大概已经灭绝了，尽管它的通气管很长。

在林地中的蚯蚓物种，长达 1 米，自 2008 年以来就再也没有被人看到过，它从前的大部分栖息地现在都变成了住宅区或农田。来自华盛顿州的巨型帕卢斯蚯蚓（giant Palouse earthworm）曾被认为在 20 世纪 80 年代灭绝了。幸运的是，它在 2010 年被重新发现，但是仍然非常稀有，未来的命运也不确定。在澳大利亚，吉普斯兰大蚯蚓现在也非常稀少，被认为已经濒临灭绝。这个物种似乎受到了过磷酸肥料的使用和耕作的不利影响，它们长达 3 米，会被经过的犁切成很多碎片。G. E. 盖茨从未研究过它们，所以我们不能肯定这一点，但这对它们来说很可能意味着死亡。和许多其他濒危物种一样，吉普斯兰大蚯蚓的成年速度很慢，需要 5 年才能达到生殖年龄，而它们活这么久的可能性已经降低。如今难以确定还剩多少吉普斯兰大蚯蚓，因为它们很少来到地表，而且它们的生存密度是如此之低，几乎不可能通过手工挖掘来找到它们。在潮湿的天气里，可以清楚地听到它们在深深的隧道里移动时发出的吞吸声和汩汩声，但是我猜这不能作为系统性监测方案的基础。直到 2012 年，这个物种还有自己的"巨型蚯蚓博物馆"，位于维多利亚州巴斯镇附近，游客可以钻进一个蚯蚓洞穴的放大复制品里，甚至可以穿过蚯蚓的胃。我无法想象它曾经对游客有过怎样巨大的吸引力，但遗憾的是这个独一无二的机会已经不存在了。

至少在英国，卑微的蚯蚓出现了新的拥护者。英国蚯蚓学会（The Earthworm Society of Britain）在 2010 年由伦敦自然历史博物馆的蚯蚓专家埃玛·舍洛克（Emma Sherlock）创立。埃玛希望这个学会能够促进公众对蚯蚓重要性的认识。到目前为止，它已经吸纳了 215 名会员。这个学会似乎不太可能与拥有一百多万会员的皇家鸟类保护协会匹敌，但这是个很好的开始。他们提供培训课程，让志愿者能够学习如何鉴别我们所有的本土蚯蚓，而不只是 OPAL 记录计划中的那些。他们也正在尝试开展一项关于蚯蚓数量和分布的全国性调查。

对我来说，生活在英国的乐趣之一，是有可能拥有一个脚踏实地致力于研究蚯蚓的学会。没有任何其他国家可以说自己拥有的痴迷于默默无闻生物的深奥学会的数量能达到英国的一半。让人高兴的是，英国也是世界蚯蚓召唤术锦标赛（World Worm Charming Championship）及其强劲的竞争对手国际蚯蚓召唤术节（International Festival of Worm Charming）的举办地。前者于 1980 年在柴郡的威拉斯顿县小学义卖游乐会上首次举办，此后每年举办一次。蚯蚓召唤术（worm charming，有时也称 worm grunting 或 worm fiddling）是引诱蚯蚓从地下钻出来的神秘技艺。它包括很多技术，但大部分都涉及某种振动土壤的方法。究竟这为什么会让蚯蚓爬上地表，这个话题在某些圈子里仍然很有争议。一种理论认为，这种振动类似暴雨产生的振动，而蚯蚓爬上来是为了避免淹死。这好像并没有说服力，因为至少在我的花园里，蚯蚓不会真的在下雨时大量出现，而且我多年前在一个鱼缸里给我的宠物龙虱喂蚯蚓时发现，蚯蚓可以在水下快活地生活几天。一如

184

既往，达尔文似乎又是第一个提供正确解释的人。他认为，振动让蚯蚓相信附近有鼹鼠在挖掘，于是为了躲避，它们爬上地表。美国田纳西州范德比尔特大学（Vanderbilt University）的肯尼斯·卡塔尼亚（Kenneth Catania）最近开展的研究表明，在装满土壤和蚯蚓的鱼缸里放进一只鼹鼠的确会导致蚯蚓爬上地表，而直接向土壤播放录下来的鼹鼠挖掘声也会导致它们爬上来。

　　无论是什么原因，海鸥长期以来都在利用这一点。大多数时候，在我萨塞克斯大学办公室外面的草坪上，总是有两三只银鸥（herring gull）两脚交替快速跳跃，仿佛是在跳鸟类版本的《大河之舞》（*Riverdance*），它们敏锐的黄色眼睛紧紧地盯着面前的草地，盼望着那里会有一条蚯蚓冒出来。在佛罗里达，木雕水龟（wood turtle）也在做同样的事情，它们用自己粗短的脚踩踏地面，引诱猎物出来。人类蚯蚓召唤师也发明了各种技术，有的召唤师将一根名为"长楔"（stob）的木桩打进地下，然后用一块名为"鲁平铁"（rooping iron）的扁平金属摩擦长楔的顶部，这种召唤师叫作"蚯蚓呼噜者"（worm grunter）。有的召唤师将一根木桩打进地下，但是用一把钝锯子去拉露出地面的一端，令其振动，这种召唤师叫作"蚯蚓小提琴手"（worm iddler）。其他技术包括往地里倒水、啤酒或茶，敲打园艺叉，歌唱和吟唱，用板球棒敲打地面，或者向泥土大声播放各种流派的音乐。达尔文曾尝试用铁锹敲打地面，但是没有蚯蚓出现，他得出的结论是"也许敲得太猛了"。

一家名为英国和欧洲蚯蚓召唤师联合会（British and European Federation of Worm Charmers）的正规机构现在已经制定了严格的竞技性蚯蚓召唤术规则，包括任何将被使用的液体必须先由参赛者喝下，以证明他们不打算毒害蚯蚓。每支队伍必须由一名召唤师、一名捕捉者和一名计数者组成，而且还有 5 分钟的热身时间以防肌肉拉伤。比赛结束后，所有蚯蚓都必须放回地面。目前的世界纪录是索菲·史密斯（Sophie Smith）在 2009 年创下的，当年 10 岁的她诱骗了不少于 567 条蚯蚓从 3 米见方的地块里钻出来。

作为竞争对手，国际蚯蚓召唤术节是在 1984 年创立的，自那以后吸引了很多队伍来到德文郡的小村庄布莱克顿参加比赛，最远的队伍来自新西兰。它显然没有世界蚯蚓召唤术锦标赛那么严肃（其实后者也并没有那么严肃），参赛队伍身穿化装舞会服，先在当地一家小酒馆吃点心，然后在莫里斯舞者的陪伴下前往比赛场地。令人兴奋的比赛一结束，他们还会回到这家小酒馆休息放松。

在我看来，这样轻松又略显傻气的节日让人回想起古老的异教徒节日，当时人们和自然的联系比今天多得多，他们庆祝季节变换、丰饶、生长、收获和死亡。这些节日似乎是鼓励所有年龄的人重新接触自然的好方法，尊重卑微的蚯蚓当然也是一个很好的开端。

# 10
# 花园入侵者

## 制作菊芋南瓜汤

配料：橄榄油1汤匙；孜然籽1汤匙；洋葱1个，切丁；菊芋400克；南瓜或倭瓜400克，去皮切丁；去皮红扁豆100克；水600毫升；固体汤料2块；哈里沙辣酱1汤匙；辣酱油1汤匙；百里香和/或牛至一把；黑胡椒

1. 将孜然籽放入油中煎1分钟，然后将洋葱煎成棕色。

2. 加入其他配料，慢炖30分钟，直到红扁豆和南瓜都熟透。

3. 可搭配少许奶油或酸奶及黑胡椒食用。

菊芋（*Jerusalem artichoke*）在花园里非常容易种植，可以长出大量不招惹害虫的块茎。只需用油或黄油再加一点盐烘烤，它就可以很美味。

2007 年 11 月，我收到一个意外的邮政包裹。当时我住在穆希尔（Muthill），佩思郡乡下的一个小村庄，大约六个月前我刚从英国另一端的南安普敦搬到苏格兰。这个包裹是我在南安普敦的邻居寄来的，那是一位可爱的女士，名叫玛丽，当时已年近 90 岁。包裹里是一个用胶带仔细密封的火柴盒和一封短信，信中相当神秘地说，她发现了一团这样的昆虫趴在她家的窗帘杆上，想知道它们是什么。好奇的我撕开胶带，打开火柴盒，只见三四十只色彩缤纷的甲虫从里面钻了出来，在厨房餐桌上跑来跑去。这是我第一次见到异色瓢虫（harlequin ladybird），而且幸运的是，我看过它们的照片，因此认出了它们并意识到自己手上有一场潜在的灾难。我一边大声呼唤家人前来帮忙，一边努力捉回尽可能多的瓢虫，我的小男孩们帮忙在桌子下面和地板上寻找任何逃脱的家伙。这些瓢虫相当漂亮，有些是红色的，有些是橙色的，很多有数量不同的黑色斑点，还有几只是黑底红点的。伴随一些遗憾和孩子们的强烈抗议，我把它们放进冰箱，于是它们很快就死了。

异色瓢虫的故事很有趣。这是个原产于亚洲的物种，它在那里的影响并不大，但在控制蚜虫方面起着一定的作用。这是一个很容易在人工饲养条件下繁殖的物种，因此人们认为它可能是一个有用的物种，可以作为生物防治因子繁育并放生。从 1916 年开始，世界各地饲养并放生了很多批次异色瓢虫，尤其是在美国。在放生后的短时间内它们有一定的效果，但是似乎很快就消亡殆尽了，没能在野外站稳脚跟。到了20世纪80年代，路易斯安那州的异色瓢虫身上发生了某种目前尚不明了的进化转变。这种色彩缤纷的无害小甲虫不知何故威力大增，变成了入侵害虫。大量异色瓢虫突然开始出现在路易斯安那州的野外，不久之后又出现在周围的州。在20年内，它几乎占领了美国的每一个州。

189

欧洲的情况也类似。异色瓢虫曾被多次进口和放生，到20世纪90年代时，北欧的一些大型生物防治公司开始大规模繁育和出售异色瓢虫。这些公司专门繁育捕食性螨类、寄生蜂和作物害虫的其他捕食者，特别是用于控制温室害虫的物种。它们还繁育欧洲熊蜂，为温室作物授粉。有人可能会问，它们为什么不繁育和销售欧洲的瓢虫（有许多物种）？不过既然这些公司乐于将欧洲熊蜂卖给距离原产地数千英里的智利，[1]他们为什么要担心将来自亚洲的瓢虫运送到世界各地呢？

这些昆虫的运输历史很难重建，但是基因研究表明，有些超级异色瓢虫是从美国被带进欧洲的。千禧之交，异色瓢虫开始出现在欧洲的野外，就像它们之前在北美一样。如今，从西边的西班牙和爱尔兰到东边的乌克兰，从南边的希腊到北边的挪威，它们在欧洲已经占领了至少20个国家。在世界其他地方，它最近出现在南美、埃及、墨西哥和南非。从它现在占领的气候区范围能够推断出它的潜在分布区域，可以看出它的适应能力非常强。

---

[1] 我的作品《寻蜂记：一位昆虫学家的环球旅行》（*Bee Quest*）讲述了将欧洲熊蜂引进南美的可悲后果。

北极圈、非常炎热和干旱的撒哈拉沙漠等地区，甚至还可能包括非常潮湿的低地热带地区亚马孙地区等，它似乎可以生活在任何地方，而且正在以最快的速度这样做。异色瓢虫看起来正在成为全世界数量最多的瓢虫。

190　2004 年，异色瓢虫以未知方式进入英国。它们喜欢密密麻麻地聚集在一起冬眠，秋天来临时会使用一种信息素找到彼此，而且它们通常聚集在房屋的缝隙处，有时会出现在家具里。如果受到惊扰，作为防御手段，这些甲虫会释放含有有毒生物碱的分泌物（像大多数瓢虫一样，它们鲜艳的色彩是一种宣布自己有毒的警告）。欧洲大陆和英国之间有大量贸易往来，成千上万辆汽车乘坐渡轮穿过英吉利海峡，因此很容易想象，有那么一群异色瓢虫被意外地装进一批古董家具或者藏身于观赏植物中运送到英国。无论它们是怎样穿越海峡的，在那之后，它们仅仅用了三年时间就在英格兰南部、中部及威尔士的大部分地区扩散开来，对于一种不擅长飞行的甲虫而言，这一速度相当快，不过它们很可能再次搭了便车。这让我回想起我在 2007 年首次见到它们时的场景。当时，我在穆希尔的房子位于记录上的异色瓢虫目击地点以北约 200 英里处。如果它们从我的厨房里逃出来，将会开辟一条新的入侵路线，当然也会加速它们对苏格兰的占领。

你可能在想，为什么英国多了一个瓢虫物种会成为我在厨房里惊慌失措的原因呢？瓢虫是益虫，难道不是越多越好吗？问题在于，和其他瓢虫一样，异色瓢虫不只吃蚜虫。蚜虫是它们偏爱的食物，但是如果它们吃掉了自己地盘里的所有蚜虫，它们会转而吃其他昆虫，例如毛毛虫或者其他瓢虫，包括它们自己。英国拥有46个瓢虫物种，而异色瓢虫正在尽最大努力吃掉它们。牛津郡生态与水文中心（Centre for Ecology & Hydrology in Oxfordshire）的海伦·罗伊（Helen Roy）博士是一项全国性瓢虫监测计划的协调人，该计划以公众发送的记录为基础，监测结果显示，自异色瓢虫抵达以来，英国最常见的8种瓢虫中有7种数量显著下降。受害最严重的是二星瓢虫（two-spot ladybird），在异色瓢虫抵达前，它是英国数量最丰富的瓢虫之一，但现在相当稀少。类似的衰退似乎正在影响整个欧洲和北美的本土瓢虫。

异色瓢虫的入侵和一场古老得多的入侵之间存在有趣的相似之处，那就是兔子对英国的入侵。兔子原产伊比利亚半岛和北非，但是已经被引入世界各地，最著名的引进地是澳大利亚，它们在那里成了一种问题极其严重的害兽。兔子给我造成的问题可能没有澳大利亚人面对的那么严重，但它们大概是我的花园里最能搞破坏的生物，在冬天糟蹋我种的蔬菜，啃穿果树的树皮。我偶尔会射杀一只当晚餐，但这似乎对它们的数量影响不大，于是我不得不用栅栏围住我重视的一些植物。长期以来，人们一直以为兔子是诺曼人在大约800年前引入英国的，但最近在诺福克发现的2000年前的考古遗址中有兔子骨头，这清楚地表明兔子是古罗马人为我们做的无数件事之一。古罗马人视兔子为珍馐美味，后来的诺曼人也是如此，他们在保护性的围栏里饲养兔子，甚至为它们建造人工洞穴。兔子似乎曾经是脆弱的生物，不能很好地适应英国的冬天。亨利三世据说特别喜欢它们，会在特殊场合让厨师准备兔肉菜肴。虽然肯定有兔子从这些围栏里逃走了，而且也有一些关于兔子的野外记录，但是在引进之后大约1700年的时间里，它们都是相对稀有和宝贵的动物，直到18世纪才开始被视为一种害兽。到1950年时，英国大约有1亿只兔子。

和异色瓢虫一样，我们不知道发生了什么。也许发生了某种进化事件，例如对寒冷的适应。在18世纪，猎场看守人开始迫害狐狸和秃鹰等捕食者，这肯定帮了它们的忙，尽管兔子当然也在捕杀和射杀之列。无论是什么原因，兔子都成了极为麻烦的害兽。为了控制它们的数量，美国近缘兔类物种中的一种非致命性病原体黏液瘤病毒（myxoma virus）被引入英国，并迅速杀死了99%的兔子（大约9900万只），很多兔子在遭受了漫长的痛苦后死去。我对六七十年代的童年乡村漫步记忆犹新，我们经常会遇到一只染病失明的兔子无助地坐在空地上。父亲总是会仁慈地用棍子敲击它的头，给它个痛快。在那之后，兔子进化出了一些抵抗力，而这种病毒的毒性似乎也降低了，因为兔子的数量已经部分恢复。在距今更近的1992年，一种新的病毒——兔出血症病毒（rabbit haemorrhagic disease）——伴随家兔一起意外进入英国，造成了一些毁灭性的地方疫情和许多宠物兔的死亡。这似乎并没有对野兔的数量造成重大影响，如果我的花园可以作为参考依据的话自然也是如此。目前，人们认为英国的兔子数量是1950年高峰期时的一半左右。

我们目前不太擅长预测哪些物种有可能成为入侵物种，哪些物种不太可能。这似乎并不存在明确的规则，所以我们带到英国的任何物种在未来都可能成为不受欢迎的有害生物。意识到这一威胁后，澳大利亚和新西兰等国家现在已经采取了严格的生物安全措施，以防止更多非本土物种逃跑。在英国，我们对这种威胁相当放松，特别是在我们的花园植物身上。250 年来，我们故意从世界各地寻找不同寻常的异域植物，尝试将它们种在我们的花园里。在同库克船长一起乘坐奋进号（Endeavour）进行的环球探险中（1768~1771），约瑟夫·班克斯（Joseph Banks）带回了大量植物，引发了人们对新奇植物的狂热。富有的赞助人为长途探险出资，这样他们就可以向朋友们炫耀自己最新的收获。在整个 18 世纪和 19 世纪，富有冒险精神的植物猎手冒着生命危险前往遥远的土地进行探索。园丁对新奇而美丽的植物的需求从未减弱，如今，大多数花园里都充满了来自世界各地的外来物种。想象一下，如果我们的花园没有木兰、杜鹃、智利南洋杉、映山红、竹子、山茶、山梅花、铁线莲、十大功劳和醉鱼草的话（仅举几例），那会是什么样子。虽然我并不真心希望这些美妙的植物统统消失，但毫无疑问，我们种植外国植物的热情对我们的本土动植物构成了威胁，并且已经造成了一些环境灾难。英国西部的大片地区覆盖着开紫花的黑海杜鹃形成的浓密灌丛，它们扼杀本土植物并取代了整个生态系统。每年夏天，蜿蜒于我在东萨塞克斯的家附近的乌克河（River Uck）及其支流的两岸，有密密麻麻排列着的喜马拉雅凤仙花，它们有一人多高，很受熊蜂的喜爱，但正在排挤曾经在那里茁壮生长的本土植物。在英国中部和北部的很多地方，开花时高达 3 米的巨型猪草正在淹没本土的草地和绿篱植物，而可怕的虎杖很难清除，以至于如果在花园里发现了它，房子往往就别想卖出去了（在面积为 2 公顷的开发地块，需要花 200 万英镑清除这种杂草才能够开始一切建筑工程）。这些都曾经是标本植物，以不菲的价格从园艺中心被购入，并被自豪的主人呵护有加。我们如今在英国种植的 1.4 万种植物中的任何一种，将来都有可能变成入侵杂草。

194  因其观赏价值而被我们引入，最终却成为有害生物的，不仅仅是植物。灰松鼠在 1876 年被从北美引进并在乡村庄园里放生，在那里，它们一开始被认为是本土动物群的一种有益的补充。人们未能考虑到它们对本土红松鼠产生影响的可能性，但不幸的是，这种影响是存在的。如今英国大约有 250 万只灰松鼠，相比之下，本土红松鼠的数量约为 10 万只（不到以前数量的 10%），而且灰松鼠的生存范围还在继续向北扩大。灰松鼠的体形更大，身体更强壮，繁殖的后代更多，最要命的是，它们是松鼠痘病毒（squirrel pox virus）的携带者，欧洲本来没有这种病毒，它是伴随灰松鼠一起传入的。这种病毒似乎对灰松鼠没有多大伤害，但是对红松鼠却有毁灭性的影响，会导致面部溃疡、头部结痂和肿胀、昏睡，最终死亡。据我们所知，感染该病毒的红松鼠没有一只存活下来。一旦这种病毒进入某个红松鼠种群，流行病就在它们之间迅速传播，很快就让它们消亡殆尽。本土的红松鼠娇小可爱，耳尖上有一簇讨人喜欢的毛，但很多英国人却从未见过这个物种，因为它们在英国南部和中部早已灭绝（除了布朗西岛和怀特岛，灰松鼠还没有到达这些地方）。

在 20 世纪 30 年代，人们终于意识到灰松鼠正在导致红松鼠消失，这导致了一些赏金计划的诞生，孩子们可以向当地警局上交一只灰松鼠尾巴来赚取一先令。这并未产生明显的效果，灰松鼠继续繁殖和扩散，尽管人们在 20 世纪采取了更多控制它们的零星尝试。最近，本土红松鼠的持续衰退促使民间力量开始自发阻止灰松鼠在坎布里亚的扩散。2009 年，前体操运动员朱莉·贝利（Julie Bailey）看着红松鼠从她的花园里消失，于是开始射杀和吃掉灰松鼠。[①] 她对拯救红松鼠的热情让她成为凝聚英国北部志愿者团体的主要人士，并最终促成了红松鼠联盟（Red Squirrels United）的成立，这是一个由国家彩票和欧盟资助的组织，旨在消灭英国北部的灰松鼠，该组织还得到了查尔斯王子的大力支持。如今捕杀行动已经稳定了一些地方的红松鼠数量，安格尔西岛（Anglesey）开展的行动最为成功，到目前为止，那里

195

---

① 在红松鼠还很常见的日子里，伦敦的市场经常出售红松鼠的躯体以供食用。至于灰松鼠，我可以证实它是好吃的，但必须承认，当我的一位博士生斯蒂芬·奥康纳（Steph O'Connor）好心地给了我一些她做的松鼠肉砂锅菜时，我没能接受这种肉。第一口很好吃，但是第二口我咬到了一块毛皮。当我拼命吐口水，从牙齿间拔出毛发时，她解释说这道菜用的是一只冷冻的她几个月前射杀的松鼠，因为没有充足的时间解冻，她在烹饪时没有剥皮，只是切成了大块。

已经消灭了 6000 只灰松鼠，而红松鼠的数量已经从濒临灭绝恢复到了 700 只左右。

这些拯救红松鼠的最后努力极具争议。超过 9.5 万人签署了一份反对捕杀的请愿书，其中大部分人生活在南方，他们已经习惯了看见灰松鼠。无论是不是入侵物种，灰松鼠都受人喜爱，很多人无法忍受屠杀它们的想法。他们合情合理地指出，这些松鼠被带到这里来并不是它们的错，而且经过 140 年，它们现在应该被视作英国动物群的一部分。在这些人看来，灰松鼠很可爱，是我们白天经常能够在公园和花园里看到的少数几种蹦蹦跳跳的野生哺乳动物之一，是一群迷人、淘气和有趣的花园杂技演员。相比之下，在贬低它们的人看来，灰松鼠只不过是尾巴蓬松的老鼠、病菌携带者、雏鸟捕食者和危害松树的害兽。

非常有趣的是，人类竟然能对同一种生物持有如此迥异的看法。同样值得注意的一点是，在本土松鼠濒临灭绝之前，我们并不那么热爱它。就像灰松鼠会破坏树木一样，红松鼠也会在林场剥掉幼树的树皮。为了阻止这种情况的发生，在 20 世纪的前 30 年，高地松鼠俱乐部（Highland Squirrel Club）屠杀了 8.5 万只松鼠。真不知道该俱乐部的成员会如何看待今天的红松鼠联盟。

最近的两起法庭案例也凸显了我们面对灰松鼠时的困惑和矛盾。2010 年，一个名叫雷蒙德·艾略特（Raymond Eliot）的男子被勒令支付巨额罚款，原因是他抓住并溺死了一只不断偷袭他家里放置的鸟食平台的灰松鼠，他因溺死灰松鼠被《动物福利法》

视为行为残忍而获罪。一名前威尔士禁卫军士兵被成功起诉，原因是他为了保护自己花园里的鸟儿捕获了几只灰松鼠，并在离家几英里的地方放生了它们。他的罪行是放生入侵物种，这是违法的。如果有人出于某种原因抓住了一只灰松鼠，就必须杀死它，但是必须按照一种被视为人道的方式：开枪射杀它没有问题，如果你手头没有枪，重击它的头也是可以接受的（被委婉地称为"颅骨处决"）。淹死它不被接受，我猜这有一定的道理。

回顾一下，我们过去常常吃红松鼠，并把它们当成有害生物加以迫害。我们引入灰松鼠，是因为我们觉得它们很可爱。然后它们扩散开来，红松鼠开始减少，于是我们转变了自己的看法，开始认为红松鼠很可爱，灰松鼠应该被杀死。只是在这段时间里，有些人开始爱上灰松鼠了。

那么，这个令人困惑的传奇故事接下来会发生什么？我猜，这些捕杀行动将不顾抗议继续进行下去，但是如果没有一些重大的科学突破，例如为红松鼠发明一种容易接种的痘病毒疫苗，或者发明某种杀死或者为灰松鼠绝育的巧妙的新方法，那么这会是一场永远持续下去的战争。在英格兰的大部分地区，清除灰松鼠是不可能的（而且会遭到强烈的反对），但是在北方的某些地区，灰松鼠的数量可以被保持在较低的水平，让红松鼠可以生存下来。还有一种策略是停止干涉，看看会发生什么。人们肯定会争辩说，把钱花在其他野保问题上会更好，放眼全球，欧洲和西伯利亚的大部分地区还有大量红松鼠。在这样一个世界里，成千上万的物种正处于全球性灭绝的危险之中，就算红松鼠真的在英国灭绝了，那也不会是一件大事。也许红松鼠最终会进化出对痘病毒的抵抗力。或许英国北部数量缓慢恢复的松貂（pine marten）会给红松鼠带来一些希望。松貂既吃红松鼠也吃灰松鼠，但是身体更轻盈的红松鼠可以爬上无法承受灰松鼠体重的细枝来躲避追捕。因此，灰松鼠往往会被选择性地捕食。数百年以来，土地所有者一直在迫害松貂，希望以此保护自己的鸟类猎物（松貂也吃它们），好让自己来射杀这些鸟，如今松貂正在从这场漫长的迫害中恢复。可悲的是，有些地方这种迫害仍在继续。

这和黑海杜鹃的情况存在一些有趣的相似之处。控制黑海杜鹃是非常昂贵和困难的事情，通常需要大量使用除草剂。完全消灭这个物种是不可能完成的任务，所以人们只能试图控制它，而这就像是陷入一场代价高昂、永远打不赢的战争。和这些松鼠的情形以及"一战"中的堑壕战一样，僵局是人们所能够期待的最好结果。和这两种松鼠不同的是，黑海杜鹃在其原产地是珍稀物种，只分布在葡萄牙和保加利亚的小片区域。气候变化可能会扼杀这两个种群。试想一下，如果黑海杜鹃在1763年时没有被引入英国，没有成为一种典型的有害生物，那么在这种情况下，人们很可能会主张将它引入英国，以防止这种无疑非常漂亮的植物灭绝。还请记住，在大约2万年前，杜鹃花属（Rhododendron）物种在英国是有自然分布的（兔子也是）。它们和兔子在上一个冰期被抹除了，但是没能靠自己的力量回来。如果它们的种子在过去1万年的某个时候被意外运回英国（例如搭乘迁徙大雁的脚），那黑海杜鹃将会成为一个珍贵的本土物种。虽然黑海杜鹃遮蔽了林地里的本土植被，但它是本土熊蜂的一大花蜜来源，而且伦敦帝国理工学院最近的研究表明，当地的小林姬鼠为了生活在黑海杜鹃的保护下展开了激烈的竞争，因为这种植物能够提供良好的庇护所，帮助它们躲避猫头鹰和隼的追捕。

本土和非本土、好和坏之间的界限，有时并不像人们以为的那样清晰。几乎所有英国动植物都是在过去的1万年里出现的，因为在上一个冰期，英国的大部分地区都被一片巨大的冰层刮得干干净净。小家鼠（house mouse）似乎是在大约3000年前的新石器时代抵达英国的，我们应该如何看待它呢？众多很可能是由古罗马人在大约2000年前引进的物种，例如兔子、草兔（brown hare）、睡鼠（edible dormouse）、雉鸡、欧亚桥、黇鹿（fallow deer）还有荨麻又当如何看待呢？一种生物要在这里存在多久，我们才会认为它是本土的？有可能消灭这些物种吗，这种做法可取吗？如果我们除掉荨麻，我们就会消灭以它们为食的孔雀蛱蝶和荨麻蛱蝶，而这些蝴蝶大概是在古罗马人引进它们的宿主之后才抵达的。我们大多数人不想失去这些物种，但是我们应该在哪里划界限呢？它应该划在哪种动物头上，是加拿大雁（Canada goose，17世纪引进）、麂（muntjac deer，1838年）、红领绿鹦鹉（ring-necked parakeet，1855年）、梅花鹿（sika deer，1860年）、灰松鼠（1876年）、产婆蟾（midwife toad，19世纪90年代）、美洲水鼬（American mink，1929 年）还是通讯螯虾（signal crayfish，1975 年）？事实上，我们中的大多数人都基于完全主观的标准看待每个物种：我们是否喜欢这种生物，是否觉得它吸引人，或者是否认为它会对我们重视的其他生物造成伤害？美洲水鼬是一种美丽的动物，但却遭到责骂，因为它喜欢吃水䶄（water vole）。水䶄本身非常可爱，而且还为《柳林风声》（*Wind in the Willows*）中塑造备受喜爱的角色"河鼠"（Ratty）提供了灵感，所以英国人很重视它。如果美洲水鼬更喜欢吃老鼠（顺便一提，黑家鼠和褐家鼠也是非本土物种，分别大约在 1200 年和 1728 年通过船只侵入英国），那么我敢肯定我们会欢迎它们的。

那些全靠自己的力量抵达英国的物种呢？我们热情地欢迎了眠熊蜂（2001 年英国首次记录下了该物种），这是一个欧洲物种，它可能是也可能不是凭借自己的力量穿越英吉利海峡的，但它已经在我们的花园里安营扎寨，在我们的山雀巢箱里面筑巢。相比之下，小胡蜂（*Vespa velutina*，英文名 Asian hornet）在英国站稳脚跟的可能性让媒体歇斯底里，以至于出现了"亚洲杀人胡蜂"和"致命的亚洲胡蜂"这样的说法，暗示这种"猛兽"可能威胁人类的生命。一家大报声称，德文郡的一名大学生在卧室里遇到一只小胡蜂后，"幸运地逃出生天"。这名勇敢的学生幸免于难的方式是用卷起的杂志将这只讨厌的昆虫打死。文章的配图照片展示了一只被略微压扁的普通黄胡蜂（common wasp）。

这些叙述有时似乎带有排外主义色彩。实际上，在 2009 年，英国国家党<sup>①</sup>（British National Party）将通讯螯虾称为"小龙虾里的迈克·泰森……一种病态、精神错乱、邪恶、非法移民式的殖民者……完全破坏了本土环境"。我不是要在这里为通讯螯虾、黑海杜鹃或小胡蜂辩护，但是也许我们需要试着冷静一点，不要夸大其词。以小胡蜂为例，这个物种在2004年意外进入法国波尔多，据说是藏匿在一批来自中国的瓷器中。自那以后，它逐渐扩散到南边的西班牙和葡萄牙、东边的意大利，并飞过了北边的英吉利海峡。英国首次真正有人目击到这种蜂发生在2016年，目击者在格罗斯特郡发现了一个蜂巢（并将其捣毁）。它广泛捕食较大的昆虫，人们真切地担心它会消灭蜜蜂，令养蜂人的境遇雪上加霜。此外，很多报纸报道称，我们正面临"巨型亚洲胡蜂"［giant Asian hornet，正式名称是金环胡蜂（*Vespa mandarinia*）］的入侵。金环胡蜂倒是一种真正可怕的生物，但事实是它仍然在亚洲好好地待着，并没有来到这里。小胡蜂比普通黄胡蜂稍大，比英国的本土胡蜂小，对人类健康的威胁并不大于黄蜂或蜜蜂。金环胡蜂会全面袭击蜜蜂蜂巢，消灭整个蜂群，但是相比之下，小胡蜂是独行客，一次只捕食一只成年蜜蜂。小胡蜂会一次又一次地返回蜜蜂蜂巢捕食，如果一个蜜蜂蜂巢附近有大型小胡蜂蜂巢，最终可能会导致蜜蜂蜂群的衰弱和崩溃。不过，在我位于法国，距离波尔多只有150公里的农场中，小胡蜂

---

① 英国的一个极右翼政党。——译者注

已经生活了十年，但是蜜蜂的数量仍然很多。

在全球范围内，物种入侵毫无疑问是一个重大问题。存在这样一种危险，即我们的动植物最终会变得同质化，就像现在世界各地的城镇中心都有麦当劳和星巴克一样。如果我们不够小心谨慎的话，全世界每个气候相似的地区最终都会出现同样一批适应性强的坚韧物种：四处蔓延的蓟和荨麻、异色瓢虫和美洲蟑螂、家蝇和欧洲熊蜂、家雀和小家鼠、褐家鼠、兔子、狐狸和野猫。那将会是非常可悲的，因为这必然意味着我们将失去每个地方独一无二的本土物种。相反，我们必须接受改变。我们正在深刻地改变我们的气候，因此能够在我们的花园、林地和草地中茁壮成长的动植物种类也会发生变化，但很多保育方面的努力都在试图保存我们现在拥有的东西。目前，我们每年花费约 20 亿英镑用于控制入侵物种，其中虎杖和黑海杜鹃是两种最恶劣的罪魁祸首，而我们对这两种植物发起的都是永远不会取胜的战争。

也许这些钱可以花在更好的地方。位于西萨塞克斯的克奈普庄园（Knepp Estate）① 拥有占地 3500 英亩的"再野化项目"，每年由纳税人支付的 25 万英镑提供资金支持。20 亿英镑可以支持 8000 个克奈普庄园，相当于英国大约一半的面积。当然，这是不

---

① 你可以在《寻蜂记：一位昆虫学家的环球旅行》中读到丰富的野生动植物群落在克奈普庄园发展起来的更多相关信息。在公元 2000 年之前，克奈普庄园一直是集约化农田，但现在除了放养大型以吃草为主的动物（牛、鹿、小家和猪）外，其他方面都还给了自然。这是个神奇的地方。

切实际的，因为我们首先还需要种植食物的空间，但是这表明，20亿英镑可以在野保领域发挥很大的作用。也许我们应该重新考虑事物的优先次序。

如果我们放弃控制黑海杜鹃，它无疑会蔓延到目前的分布范围之外，特别是西威尔士和苏格兰，但我认为最终将达成某种平衡。无论如何，我们的很多高地已经被单一栽培毁坏：大片石楠荒野被当成松鸡猎场管理，草原因为绵羊和欧洲马鹿（red deer）的过度啃食而变得贫瘠，森林成了非本土植物云杉的种植园。我相信更大面积的黑海杜鹃分布地不可能比我们故意创造的这些令人沮丧的生境更糟。

我有时会想，随着重大气候变化不可避免地发生，我们是否应该接受已经在进行的入侵？有些欧洲物种可以更好地适应我们即将拥有的气候，我们是不是甚至应该鼓励它们的入侵？

与此同时，关于我自己的花园，我有一些决定要做。非本土的大鼠、小鼠、兔子、灰松鼠、荨麻和欧亚槭无疑会继续在这里茁壮成长，所有这些生物都让人喜忧参半，但在我看来，向它们开战肯定是不值得的。毫无疑问，还会有新的物种到来。2017年，第一次有红领绿鹦鹉（rose-ringed parakeet）拜访了我的花园，这是一种吵闹的鸟，但是有美丽的翡翠绿色羽毛。在这之前，它们已经在伦敦西南部建立了若干种群，是从那里扩散到我家的，如果它们留下来的话，我也不会感到不安。我会继续拔掉池塘边的喜马拉雅凤仙花幼苗，但我不知道该对池塘本身做些什么。这个池塘滋生了一些粉绿狐尾藻，这是一种来自南美的入侵水生杂草，会堵塞沟渠和溪流，导致洪水。我可以而且也许应该将它们捞出来堆肥，但它们是本土蛾类水草螟的家园，如果失去这种蛾子，我会感到非常遗憾。目前，我想还是顺其自然吧。

# 11
## 生命的循环

### 制作木耳意大利扁面条

配料：木耳一或两把，洗净切丝；大蒜 1 个，去皮切碎；黄油 30 克；

新鲜意大利扁面条（tagliatelle）360 克；橄榄油；黑胡椒

1. 将意大利扁面条放入一锅沸水中煮。

2. 在一个大平底锅里融化黄油，煎炒大蒜 2 分钟，然后加入木耳，
   再煎炒 2 分钟。

3. 加入煮熟的意大利扁面条混合均匀，再加入少许橄榄油和大量黑
   胡椒（4 人份）。

木耳是一种很常见和独特的真菌，也是最好吃的真菌之一——它几
乎只生长在枯死的接骨木上。它的英文名是 Jew's ear，字面意思是
"犹太人的耳朵"，这个奇怪的名字是因为它长得很像红棕色的人耳，

以及人们相信犹大是在一棵西洋接骨木树上上吊自杀的（我觉得这不太可能，因为它们是又小又脆弱的树，不适合上吊）。

对于食物，我们现代人形成了一种奇怪的态度。我们从超市购买闪闪发光的打蜡苹果，却让花园里苹果树上的果实掉落腐烂。对于在我们的牧场和林地里长出的美味蘑菇，我们因为害怕中毒对它们视而不见，尽管很多蘑菇不但美味，而且很容易辨认。几乎没有人会费心采摘 9 月时在我们的绿篱上低垂的闪闪发亮的成熟黑莓。我们更喜欢自己的食物尽可能远离它的源头，并进行统一的加工和包装。我们几代人之前的祖先会认为我们疯了。

我们和食物的来源缺乏联系，这一点很明显地体现在我们对路边被车撞死的动物表现出的拘谨态度上。数千年来，为了猎杀各种大小动物，获取宝贵的蛋白质，我们的祖先付出了巨大的努力。对于石器时代的猎人来说，捉到一只鸽子或者老鼠很可能会被视为一次成功的远足。如果抓到体形较大的动物（例如一头鹿），那就足以令人欢天喜地了，这意味着全家人几周都有吃的。然而如今，我们大多数人都会让一只被车撞死的兔子或雉鸡躺在路边慢慢腐烂，而不是把它捡起来当晚餐。我在网上看到，维特罗斯超市目前以 60.74 英镑的价格卖给你一大块用聚苯乙烯和塑料膜包装得整整齐齐的鹿排（每千克 45 英镑）。当你开车去取它时，你很可能会经过一头鹿的新鲜尸体。

对别人的这份拘谨，我倒有点感激，如果每个人都停车拾捡，那就很难得到被车撞死的新鲜动物。事实上，我似乎经常能在冰箱里放入美味、健康的野味。这有时会让我看起来很滑稽，也增加了我行为古怪的名声。当我还在斯特林大学工作时，一个寒冷的冬日清晨，在开车去学校的路上，我看到一头刚刚死掉的丰满雌性西方狍（roe deer）躺在路边的新鲜积雪上。我当时开的是一辆小型掀背式轿车，后备厢里放不下它，于是我将尸体塞到副驾驶座位上，系上安全带以免它翻滚（比起另一次我将一只受伤但还活着、不断踢腿的黇鹿放进车里要容易得多，危险也小得多）。在我上班时，这头死鹿在停车场里坐了一整天，仿佛在好奇地凝视窗外。我的同事们都用一种困惑的目光看向它。第二天是星期六，所以我早上的第一件事就是在屋后仍然覆盖积雪的草坪上屠宰它。必须承认，我在这方面缺乏良好的专业技能，花了很长时间才剥掉皮，将所有的肉切成大块。令人吃惊的是，一头鹿竟然有那么多的血。等到我屠宰完毕，我的冰柜几乎满了，被积雪覆盖的缓坡草坪上流淌着鲜红的河，这让我想起电影《冰血暴》（Fargo）中臭名昭著的一幕。积雪在两个星期里都没有融化，但我的邻居们从来没有抱怨过一个字。

大多数被撞死的动物都很好吃，只要它是新鲜的。几乎任何比灰斑鸠（collared dove）大的鸟都值得吃，乌鸦和秃鼻乌鸦（rook）很好吃，鸽子也很美味（就是有时对我来说味道有点怪）。有人告诉我，海鸥的味道不错，但是对我来说鱼腥味太重。啄木鸟应该是相当好吃的，我从没吃过啄木鸟，但是有个朋友吃过，有只绿啄木鸟（green woodpecker）撞在他家窗户上，撞断了自己的脖子（我开始怀疑这是不是啄木鸟的某种特色行为），于是他把这只鸟做熟了当午餐。松鼠和兔子的味道当然很棒。野生动物身上的脂肪往往比养殖肉类少得多，而且很可能基本上不含杀虫剂和抗生素，所以非常健康。你可以吃它们，知道这些动物有过快乐的一生，或者至少知道它们没有被关在笼子或围栏里生活，而且无论如何已经死了，所以你吃它们的行为对环境没有任何影响（和吃养殖肉类截然相反）。所以下次你在路边看到尸体时，停车检查一下。那是一顿可供你家人享用的免费且美味的餐食，[①] 不要径直开过去，对它置之不理——除非你住在东萨塞克斯郡的布莱克博伊斯村（Blackboys）附近，如果是那样的话，请把它留给我。

大自然回收一切。如果生命仅仅依赖消耗有限的资源，它不可能延续将近 40 亿年。如果我们人类想要存续更多年，我们需要学习这一经验。对我来说，园艺活动的部分乐趣和满足感是确保没有任何东西被浪费，而这一点的核心是堆肥。分解和对死去动植物的回收利用，本身并没有什么迷人之处，但是如果没有养分的回收，就不可能有春天的蓬勃叶片，不会有花朵，不会有蜜蜂的嗡嗡声，也不会有黎明时分乌鸫的歌唱。几乎所有生命的能量都来自太阳，植物捕捉太阳能，并利用它制造复杂的分子，如

---

① 此为作者个人观点，捡拾并食用未经检疫的野生动物尸体有可能危害身体健康，不建议读者效仿。——编者注

糖类、蛋白质等，但是在制造这些分子时，植物还需要这些分子的基本构件（碳、氧、氮、钾等元素）以可用的形式存在。在自然界中，限制植物生长的因素更大程度上是缺乏氮和磷等养分供应，而不是缺乏阳光。为了获得这些养分，植物依赖无数的微小生物，包括蚯蚓、鼠妇、马陆、蛆、螨虫、弹尾虫、真菌和细菌等，它们共同分解树叶、小枝和树枝、粪便、动物尸体以及任何有机物质，并释放其中的营养物质。如果没有这些生物，树叶会在地面上堆积，粪便将积聚起来，植物将停止生长，地球上的生命也将消亡。

分解无时无刻不在土壤中和土壤表面进行，但是随着树叶和果实开始在夏末和初秋落下，在一年当中的气温变得太低并放慢一切进程之前，分解会加速。一名好的园丁能够操控这一过程以达到自己的目的，他（她）可以在花园各处移动有机材料，从而为菜圃和花圃护根或施加肥料，制造播种和盆栽所需的堆肥，以及从野花草地区域拿走养分。

制造堆肥非常容易。有些书专门讲述如何正确地制造堆肥，但是从本质上说，任何一堆有机质最终都会变成堆肥。当然，如果堆肥物质被放在容器里面，它看上去会更整洁。大部分地方政府都提供补贴，让你能够买到相对便宜的塑料桶形堆肥箱，而且这些工具很好用。教科书会告诉你，要想有效且快速地堆肥，你需要优化你所用材料的碳氮比（C：N），最佳方案是约25~30份碳搭配1份氮。这有点像平衡你自己的饮食，我们本能地倾向于平衡自己的碳水化合物和蛋白质（大致相当于碳和氮）的摄入。然而，知道最佳比例本身并不是很有帮助，因为接下来你需要知道你扔进肥堆中的材料的碳氮比。木头、纸张、纸板、锯末和小枝含有大量碳，而氮的含量很少（它们的碳氮比约为300∶1），所以只含有这些材料的肥堆的堆肥速度非常缓慢，因为起分解作用的生物没有获得茁壮成长所需的足够含氮材料。在另一个极端上，厨房垃圾、草坪修剪物和杂草的碳氮比是15∶1。完全由这些材料构成的肥堆一开始会迅速分解，但是会坍塌成一堆潮湿的黏稠物质，氧气在其中耗尽，然后分解速度就会变慢。当厌氧细菌占据上风，除了分解速度很慢之外，还有一个不幸的缺点，那就是会产生氨气和硫化氢（闻起来像臭鸡蛋）之类的恶臭气体。因此，以厨余垃圾为主的肥堆很可能变成臭气熏天、黏黏糊糊的烂摊子。①

显而易见的解决方案是将这两种类型的材料混合在一起，尽可能避免肥堆完全由草坪修剪物、小枝或厨余垃圾构成。落叶树的落叶拥有近乎完美的碳氮比，只使用它们就能制成优质的腐叶土堆肥。

如果你的混合比例接近正确的碳氮比，新的肥堆就会迅速升温，这是数万亿需氧细菌的新陈代谢活动产生的热量。最先兴旺的是那些适应低温的细菌，它们在约12℃的温度下繁殖，但是它

① 如果你的花园很小，而且你的大部分可堆肥材料都是厨余垃圾的话，可以考虑用蚯蚓房代替肥堆。本书最后有制作蚯蚓房的指南。

们会因过度升温成为自己的掘墓人，此后喜欢温暖的细菌开始占据上风。短短几天内，连续几波适应越来越高温度的细菌相继出现，先出现的定植细菌会被高温杀死，直到大型肥堆的中央温度达到70℃或者更高。如果把手伸进肥堆中心，你会发现温度实在太高了，手在里面根本待不住。在这样的高温下，杂草种子无法存活，任何动物也活不下去。这种状态只持续几天，然后温度就会缓慢下降。放线菌进入，这些生物能够分解木质材料中的木质素和其他（我们大多数人）难以消化的物质。它们会释放大量令我们联想到健康肥堆的清新泥土气息，很像是你穿着靴子走在树林地面的腐叶土上时闻到的气味。

在这个阶段，最好翻动一下肥堆，将边缘堆肥程度较低的材料翻到中间，这是一项相当繁重的工作，我很少费力去做。这是动物开始进驻的阶段。马陆和鼠妇摸索进来，开始咀嚼腐烂中的植物材料，将它们分解得更碎，为细菌和真菌施展身手增加表面积。蚯蚓从下面的土壤钻上来，开始摄食和研磨树叶的碎片。弹尾虫[①]和螨虫成群结队地来到这里吃真菌。毛发状的线虫吸食无

① 弹尾虫是令人愉悦的小动物，完全长大后也不比一个句号大。它们原始而古老，过去被归类为昆虫，现在已经被划入自己的单独类群。它们的名字来自其惊人的跳跃能力，这种跳跃是通过其腹部的"弹簧杆"实现的，在危险时刻可以将它们弹上空中。它们可以跳到15厘米高的空中，相当于一个人跳过埃菲尔铁塔。它们的头下面有一个特殊的可伸缩树干状附件，用来梳理自己的身体。它们太小了，难以清点数量。最好的方法是将堆肥或腐叶土收集起来，放入暖灯下方的一个漏斗中，热量会迫使这些小动物从漏斗掉落到下面的容器里。据我估计，我的每个腐熟肥堆中有大约12万只弹尾虫。英国的弹尾虫包括250个物种，但是我还没有尝试过清点我的花园里有哪些物种，这是个令人望而生畏的任务。

209

数的细菌。线虫、弹尾虫和螨虫是蚂蚁、拟蝎、蜈蚣、隐翅虫、步甲和蜘蛛的食物。冬天，田鼠和小鼠将在肥堆里做窝，享受残留的温暖。到了春天，这些越冬啮齿动物留下的垫有毛发和干草的小洞可能被熊蜂占据。如果你非常走运的话，盲蛇蜥（slow-worm）可能会出现，捕食蛞蝓和鼠妇。鸫鹩和欧亚鸲会爬上肥堆边缘寻找猎物。肥堆本身就是一个完整的世界，一张以腐烂为基础的环环相扣的生命网络。

我的花园散布着 8 个肥堆，其中 3 个装在塑料堆肥桶里，那是我接手前房主的，另外 5 个方形堆肥箱是我用螺丝钉将旧木托板粗糙地拼在一起做成的。和塑料相比，我更喜欢木头，而且没人要的木托板很容易找到。拥有大量肥堆意味着我不用走远就能来到一个拥有大量落叶或杂草的肥堆旁，而且因为我每年只从一或两个肥堆里挖堆肥，所以每个肥堆里的东西都会有整整四年甚至更长的分解时间。我试着混匀每个肥堆里的材料，但我对此并不太担心，因为似乎总会有一个容器里装满了可以直接用在花园里的霉烂易碎的黑色堆肥。我知道我幸运地拥有一座大花园，但无论如何，任何拥有户外空间的人都应该堆肥。全国性调查显示，拥有肥堆的花园在市中心的比例只有 6%，而在郊区约为 30%。作为一名狂热的堆肥者，让我感到困惑的是郊区的大多数人竟然不用他们的垃圾堆肥。当然，很多地方议会会收集绿色垃圾并将其用于堆肥，这是第二好的做法，但是运送垃圾和分配堆肥仍然需要消耗能源。如果你亲自动手的话，你会为数以百万计的小生物创造一个家园，同时你还可以获得用来为花园施肥的免费堆肥。混合一点沙子的话，它很适合为盆栽植物上盆以及种植番茄。在播种时，我使用腐叶土和沙子的混合物，因为这样往往不会有杂草种子。在 20 世纪 70 年代之前，所有对园艺充满热忱的园丁都自己制作堆肥，在园艺中心用麻袋出售的堆肥非常少见。

我猜现在大多数人都不愿意麻烦，或者不想让自己的花园被肥堆弄乱，而且无论如何，在园艺中心可以很便宜地买到堆肥，所以为什么要费心自己做呢？英国每年有 390 万立方米的堆肥售出，其中 2/3 被业余园丁买走，剩下的属于园艺产业。这个数字一直在逐年增加，因为我们英国人热爱花园。遗憾的是，其中一半以上——大约 290 万立方米——是由泥炭构成的。我居住地的园艺中心出售不下 16 种不同的堆肥，其中 14 种以泥炭为基础。多用途堆肥通常含有大约 70% 的泥炭，但是它们很少在标签上注明这一点。使用泥炭堆肥对环境的危害已经为我们所知 30 多年了，那么我们为什么还在用它？

你可能很熟悉反对使用泥炭的观点，但是既然这个信息似乎并没有被大多数人理解，所以请容许我再将它重复一遍。泥炭类似煤炭或石油——它们都是由有机物在很长一段时间内缓慢积累形成的。它的诞生地是沼泽，这是一种排水不良的陆地，拥有特定植物群落，常常以泥炭藓（sphagnum moss）为主导，这种植物适应了这里普遍的潮湿环境条件。英国的大部分泥炭地（约150 万公顷）是高地毯状沼泽，主要分布在威尔士、英格兰北部

211

和苏格兰。涝渍隔绝了氧气，所以死去的植物材料腐烂得极其缓慢，随着时间的推移，它们以每年约 1 毫米的速度逐渐积累，形成由有机质构成的黑色底层。该底层可能厚达数米，最下面的一层是在约 1 万年前最后一个冰期后不久沉积下来的。泥炭沼泽构成了对过去的独特记录，因为花粉粒可以在其中保存数千年，这为我们提供了一扇窗口，让我们可以通过它看到过去生长在英国的植物是什么。里面偶尔还会发现人类的遗体，这些不幸的人或许是在几千年前陷入沼泽的，被发现时多多少少保存完好，身上的衣服和随身财物也都还在。任何类型的有机质都腐烂得非常缓慢，这意味着困在其中的营养物质释放得非常缓慢，因此生长在沼泽中的植物必须能够适应这种情况。有些植物进化出了获取重要营养的另类方法，即捕捉和消化昆虫，例如茅膏菜（sundew）、捕虫堇（butterwort）和狸藻（bladderwort）。

低地"高位沼泽"（如此命名是因为泥炭堆积导致沼泽高于周围区域）是西欧最稀有和受威胁最大的野生生物生境之一，这里生活着一系列独特的物种，在英国包括约 3000 个昆虫物种和约 800 个开花植物物种。作为在什罗普郡乡下长大的搜集蝴蝶的孩子，我发现在骑车能够到达的距离内最丰饶的生物栖息地是威克索尔莫斯（Whixall Moss），一片横跨柴郡和北威尔士边界的低地沼泽。我在这里第一次见到图珍眼蝶（large heath butterfly），一种美丽的浅黄褐色蝴蝶，身体毛茸茸的，有很大的眼斑；我首次见到北冷珍蛱蝶（small pearl-bordered fritillary）也是在这里，这是一种精致的生物，后翅上有橙黑两色组成的棋盘图案，与银色相互交织。威克索尔莫斯也是珍稀动物的家园，例如水涯狡蛛（raft spider），这是一种带奶油色条纹的大型巧克力色蜘蛛，在沼泽池塘表面跳跃着捕猎。此外这里还有水蛛（diving bell spider），它会在水下编织一张密密麻麻的网，并通过身上防水毛中包裹的小气泡为水下蛛网注入空气，形成一个充满空气的银色钟。它一生的大部分时间都在这个钟里度过，并从这里出去捕食水生昆虫。我当时并不知道的是，在威克索尔莫斯曾记录到不少于670个蛾类物种以及其他非常稀有的昆虫，例如名字都起得赏心悦目的画翅沼泽大蚊（picture-winged bog crane fly）。

英国过去有大约9.5万公顷的低地高位沼泽（约占全世界所有泥炭地的5%），但是如今只有6000公顷是完好无损的，也就是说损失了94%。这种巨大的损失主要是由两个因素造成的：排水以创造肥沃的农田，以及泥炭开采。历史上，泥炭通常用作化石燃料，因为它一旦干燥就可以燃烧，但是它燃烧时烟雾弥漫，而且和煤炭相比产生的热量很少。如今，泥炭开采主要是为了满足园艺行业的需求。不幸的是，和来自高地沼泽的泥炭相比，低地高位沼泽的泥炭被认为是更好的生长基质，因此低地沼泽遭受了特别严重的打击。我记得自己在十几岁时曾沮丧地看着泥炭开采者用挖掘机从威克索尔莫斯挖走大块大块的泥炭。平均而言，泥炭开采行业每年采走约22厘米厚的泥炭，这需要220年才能恢复。谢天谢地，威克索尔莫斯在20世纪90年代被宣布为国家自然保护区，如今受到保护，不会再被进一步破坏。不过它的大约 1/3 已经被泥炭开采者摧毁了。

因为来自英国本土的供应减少，所以现在园艺中心出售的大部分泥炭都是从其他国家进口的，特别是从爱尔兰、爱沙尼亚、拉脱维亚和芬兰。爱沙尼亚是个荒野尚未被破坏的国家，熊和狼依然在那里游荡，令人遗憾的是，现在它的大片土地正在被挖掘，好让我们种植秋海棠。

失去物种丰富的野生动植物栖息地只是泥炭开采负面影响的一个方面，这一点大概不会困扰那些即便知道画翅沼泽大蚊这个物种的存在也不关心它们的人。然而，照顾这些沼泽还有另外两个强有力的原因。第一个原因是，泥炭具有极强的吸水能力，就像一块巨大的海绵。这对我们的高地沼泽尤其重要，它们捕捉并吸收了落在英国丘陵和山脉中的大量雨水，然后慢慢释放出涓涓细流。如果没有泥炭的覆盖，达特穆尔（Dartmoor）等地的暴雨很快就会变成咆哮的洪流，漫过德文郡低地的河岸。鉴于包括暴雨在内的极端天气事件预计将在未来变得更常见，我们最好让我们的泥炭沼泽保持完好无损。这就让我想到了保护我们的泥炭沼泽的第二个也是最令人信服的原因：它们是巨大的碳储存库，因此它们的命运和我们未来的气候息息相关。

在过去的 1 万年里，英国的泥炭地静悄悄地封存了 55 亿吨碳——几乎是我们林地中储存的 1.5 亿吨碳的 40 倍。我们认为树木和林地有助于应对气候变化，但实际上，林地一旦发育成熟，或多或少就会停止封存碳。它会转变为碳中和状态，老树死亡腐烂，释放出碳，而新树生长并吸收碳。相比之下，泥炭沼泽会持续埋下更深的泥炭层，因此不断吸收大气中的碳。泥炭地碳储量占全英国碳储量的大约一半（剩下的主要在其他土壤中，少量存在于树木中）。在全球范围内，泥炭地储存了约 5000 亿吨碳，据估计是全球森林碳储量的两倍，但泥炭地的面积只占地球陆地面积的 3%。

此时你可能在想，将泥炭挖出来然后转移到你的花园并不会摧毁它，但是你想错了。泥炭一旦从沼泽中被水浸泡的环境下移走，氧气就会接触它，组成泥炭的有机质就会开始腐烂，释放出二氧化碳。这可能需要几十年的时间，但这些有机质最终全都会进入大气层。实际上，甚至不需要将泥炭从沼泽中移走就可以开始这个过程。开凿排水沟以降低地下水位的效果与此完全相同，但是规模巨大。英格兰东部沼泽地（Fens）的深厚泥炭土已经被排干，用来创造肥沃的农田，但是这些农田只能在借来的时间里维持，因为泥炭将缓慢地消失在空气中。达特穆尔和英国的许多高地沼泽中纵横交错着许多排水沟，通常是为了改善牛或绵羊的放牧条件而设置的，或者是为了种植大量非本土树木这类林业目的。对于沼泽的长期维持、所有与之相关的野生动植物的生存、下游洪水的严重程度以及我们的气候而言，这些沟渠都是灾难性的。

考虑到所有这些，你可能禁不住好奇，为什么我们还要在花园里使用泥炭。明明有完美的替代品。如果自己制作堆肥太麻烦的话，市面上也有一些很好的不含泥炭堆肥［例如，我强烈建议使用林生（SylvaGrow）有机堆肥，它得到了英国皇家园艺学会的背书，而且被 *Which?* 杂志园艺版列为"最佳购买选项"］。当然，一种进步的方式是消费者拒绝购买任何含泥炭的堆肥，但遗憾的是，大多数园丁仍然没有意识到这个问题，或者根本不在乎。对他们来说，也许吊篮里的状态比地球的状态更重要。

如果无法指望消费者改变购买模式，那么或许可以在供应链中找到解决方案。园艺中心在这方面肯定有一些责任。我试着问过本地的一家独立园艺中心，为什么他们仍然主要销售基于泥炭的堆肥，但销售助理完全不知道围绕泥炭的环境问题。我最终找到了另一个高级职员，他只是说他们销售顾客想买的东西。在我看来，一味借口利润合理化自己的立场，这是在放弃责任。任何一家大型园艺中心连锁店（如怀瓦尔、诺卡兹或多比斯）都可以做出大胆的决定，带头禁止使用泥炭，但目前还没有任何迹象表明他们会这样做。和对待农药一样，百安居似乎比大多数公司更积极主动，他们表示自己正在"向零泥炭迈进"。不过他们没有透露具体的时间表，而且目前仍在快活地销售基于泥炭的堆肥。

也许代表园艺产业的园艺行业协会会在这方面发挥一些领导作用？或者皇家园艺学会？2016 年 6 月，这两个组织启动了一个项目，名为"负责任的生长基质采购计划"，目的是提供一种工具，让园艺公司可以用来计算他们使用泥炭产生的环境影响（如果他们选择这样做的话）。正如园艺行业协会网站所说："该试点计划是了解行业内状况的非常温和的第一步。"它还沾沾自喜地补充道："这对参与其中的各方都是一个骄傲的时刻。"于是，在意识到开采泥炭真的对环境有害 30 年后，当英国园艺业每年从欧洲各地的野生动植物栖息地开采 290 万立方米泥炭时，他们启动了一项自愿试点计划，告诉各个公司一个显而易见的现实：我们现在需要停止使用泥炭。仅仅如此。没有试图尽可能地量化影响；没有计划在将来某个适合的时间点开始减少使用。一边是种植漂亮的花，一边是可能会给地球上的生命带来浩劫的环境变化的灾难性影响，我们却还在权衡它们的重要性。

和对待农药一样，我们似乎不能指望园艺行业协会或皇家园艺学会表现出任何道德勇气或者超越对经济利益的追求。英国政府会不会介入，出台保护性法规呢？2011 年，英国政府发布了一份白皮书，其中包含停止在园艺中使用泥炭的自愿目标。它的目标是到 2020 年，业余园丁能够买到的所有堆肥都不含泥炭——这个目标似乎极不可能实现，因为据我所见，2018 年园艺中心出售的不含泥炭堆肥并不比 2011 年时更常见。还有一个自愿目标，那就是到 2030 年时所有用于园艺的堆肥都不含泥炭。19 年似乎是很长的适应期。现在有很多小型苗圃已经完全不使用泥炭了。既然泥炭有很好的替代品，我们为什么还要再等 12 年才能让园艺产业停止使用它呢？

生命的循环**生命的循环**　　231

有趣的是，保护泥炭沼泽可能是我们积极应对气候变化最有力的工具之一，这不仅是因为它们是现存的巨大碳储库。在过去的1万年里，泥炭沼泽的碳封存速度在相对温暖的时期更高，大概是因为泥炭藓和其他植物生长得稍快一点。全球气候正在变暖，这意味着我们的完整泥炭沼泽会以比目前更快的速度封存碳，这提供了一种负反馈机制，向缓解气候变化的方向迈出一小步。当然，只有当我们让沼泽处于健康、不排水的状态时，这一步才会迈出。

现在你可能很想知道，自己可以在花园里做些什么来帮助捕获碳，以尽自己的一份力。幸运的是，你能够做的大部分事情对于野生动植物都很有好处，对你的花卉和蔬菜也有益。你的目标是积累尽可能多的有机质。如果你有足够的空间，就种一两棵树。虽然成熟的森林是碳中和的，但是在曾经没有树的地方种一棵树，随着植株的长大，每年都会有碳被锁定——例如一棵大栎树最终会固定多达8吨的碳。这些碳会一直留在那里，直到这棵树死去并腐烂消失，从理论上讲，这件事在800年后才可能会发生。大多数园丁没有种植大树的空间，但基本原则是，你拥有的植被越多，你储存的碳就越多。另外还要记住，肯·汤普森对谢菲尔德多个花园的研究表明，你拥有的植被越多，昆虫的多样性也就越丰富。枯枝堆和原木堆也能锁住碳，这个过程可以持续很多年，直到它们完全腐烂。我从花园里收集木头，扔进烧木柴的炉子里，但我会将一些原木堆起来，让它们慢慢腐烂。肯在谢菲尔德的研究发现，在放置 23 个月后，一小堆白桦原木平均养活着 90 种不同的生物，大多数是常见的不起眼的种类，如鼠妇、蜘蛛、蛞蝓、蜗牛、弹尾虫、蜈蚣、蝇类幼虫和螨类。我自己的原木堆通常还会有一只常驻蟾蜍。

对于修剪树木留下的细枝，我不会烧掉它们，而是将它们堆放在安静的角落。常常会有乌鸫在里面筑巢，有时还会有欧歌鸫（song thrush），而这又为其他各种小动物提供了更多开辟家园的空间。我希望这能够为刺猬提供良好的冬眠机会，但遗憾的是，我还没有在自己位于萨塞克斯的花园里看见过刺猬。[①]

我的枯枝堆并不总是像我希望的那样能持续很长时间。当一场风暴吹倒了一些挪威云杉后（它们是前房主种的圣诞树），我做了一个特别大的枯枝堆，我的儿子们决定用它给自己做一个老巢。他们挖空了枯枝堆的顶部，创造出一个类似巨大乌鸦窝的东西，可以让他们躲在里面，不被外面的人看到。在一个夏末的午后，我的大儿子费恩和他的朋友麦克斯想出了在这个巢穴里挖一条秘密隧道的"妙招"，具体方法是斜向下挖洞（大概是因为每个老巢都需要一个秘密入口吧）。干燥的云杉树枝很难切断，所以他们想出了一个"绝妙"的主意，将烈酒倒在那些比较顽固的

218

---

① 我们可怜的刺猬正在迅速消失。虽然和蚯蚓一样，我们对刺猬过去的种群规模没有准确的估计，但坊间证据表明，它们的数量经历了大规模的下降，目前的数量略低于 100 万只。最新的估计认为，在过去的 15 年里，刺猬的数量下降了大约 50%。发生这种情况的原因很可能是集约化农田中昆虫和蛞蝓的丧失、道路死亡事故、除蛞蝓药中毒，以及獾的捕食。城市种群的境遇似乎稍好于乡村种群。

树枝上，再烧穿它们。半小时后，一队消防员控制住了这场差点肆虐起来的火灾，它已经烧穿了绿篱，马上就要点着一位邻居的棚屋。这场火显然不是任何人想要的结果，但是它有一个意想不到的好处。如果放任这场火烧完的话，这些树枝和树叶就会变成灰烬（这些灰烬会成为我种的蔬菜的良好养分来源）。然而，当它们被消防员的软管喷出的水浇灭时，我只剩下一大堆冒着热气的湿木炭。和煤类似，木炭是一种很不活泼的物质。混入土壤中后，它可以在数千年里几乎保持不变，人们越来越感兴趣的一种固碳方法就是有意用木头制造木炭，然后将其混入土壤。这样做也可以改善土壤状况，增加土壤的保水能力，减少水溶性养分的流失。詹姆斯·洛夫洛克（James Lovelock）等人主张种植能快速生长的树木来生产木炭，然后长期储存或者混入土壤中，以此作为对抗气候变化的有力武器，不过目前似乎还没有大规模的行动。

实际上，他的想法并没有什么新鲜的。在亚马孙这个土壤普遍贫瘠且稀薄的地区，有些区域拥有厚厚的深色上层，它们是人类在 4000 年前至 1000 年前创造出来的。早期农民一代又一代地在土壤中添加木炭、粪便、骨骼和其他有机质，积累了约两米厚的土壤。这些土壤被称为 "terra preta"（葡萄牙语，意为"黑土"），其含碳量可达周围地区的 70 倍，在被崩溃的文明遗弃千年之后，它们仍然很肥沃。

我有意创造自己的黑土。在萨塞克斯的威尔德，木炭的制造已有数千年历史，主要用于炼铁，而且不用消防员帮忙，自己制造木炭也相对容易。木炭通常是木头或其他有机材料在氧气有限的情况下燃烧时产生的。我一直在做实验，在一个浅坑里点燃一堆小树枝，然后在火堆开始不冒烟时用铲子铺一层薄土以隔绝氧气（有时还会添加几个用锡纸包裹的土豆进去烤）。恰到好处的时机很难把握，不能太快停止燃烧，否则会留下表面烧焦但里面完好无损的木棍，也不能燃烧太长时间，不然最后只剩下灰烬，但我通常会得到至少一部分木炭，并将它混入我的菜圃。也许在 1000 年后，考古学家会思考东萨塞克斯密集的黏土上怎么会有一小片厚厚的黝黑土壤。

实际上，就算你什么也不做，你的花园土壤也很可能已经含有相当丰富的有机碳，至少相对于农田而言是这样。谢菲尔德大学的吉尔·埃德蒙森（Jill Edmondson）最近开展的一项研究比较了份地、花园和农田的土壤健康状况，发现和常规农田土壤相比，份地土壤的有机碳含量高出 32%，而且也更加肥沃，氮含量高出 25%。和被重型机械的车轮压实的农田土壤相比，份地土壤的结构也更加疏松，有更多空洞，让氧气能够接触植物根部。花园土壤的状况类似份地，而且花园中树下区域的土壤含有更多的有机碳。份地和花园土壤有机碳含量高的部分原因是它们从不会遭受毁灭性的侵蚀，而当暴雨落在刚刚犁过的裸露耕地上时，农田土壤会遭受这样的侵蚀。有趣的是，埃德蒙森发现和普通园丁相比，在份地种菜的人更清楚堆肥的价值。在埃德蒙森的研究中，只有 30% 的郊区花园拥有肥堆，与之形成鲜明对比的是，这个比例在份地中是 95%。

在谈到为抑制气候变化尽自己的一份力时，我们这些园丁面对的是一次双赢。我们通过在土壤中增添自制堆肥、护根物或木炭等方式储存的碳越多，我们的土壤就会变得越深、厚、黝黑和健康，我们的蚯蚓就会越兴旺，土壤的排水就会越好，我们的植物就会长得越快。生长中的植物锁定了更多的碳，而我们拥有的植物材料越多，就能吸引越多的野生生物。也许在 1000 年后，考古学家在做的不是思索萨塞克斯的一小块肥沃黑土，而是争论这样的土壤是如何大片大片地散布在英国整个低地地区的。

# 12
# 园艺拯救地球

## 制作黑莓酱

配料：黑莓（或者几乎其他任何水果），糖

1. 将 450 克水果和 450 克糖混合起来。

2. 放入微波炉加热 20 分钟，记得中途搅拌（你可能需要根据微波炉的功率稍微调整时间——如果果酱没有凝固，就延长时间；如果它变成了褐色，下一次就记得别加热过头）。

3. 倒入预热果酱罐中，密封。

自制果酱是如此容易，我不明白为什么其他人都不做果酱。用微波炉做果酱的速度快得令人难以置信，而且水果中的维生素损失更少，因为它的烹饪时间比制作传统果酱短得多。将这种味道浓郁的紫黑色半流质食物涂抹在有麦粒感的全麦吐司上，那滋味就像天堂。

难道还有比园艺更"绿色"的活动吗？种植花卉和蔬菜是一项有益健康、引人入胜和有疗愈作用的活动，它可以为许多野生动物提供食物和住宿，还可以为厨房提供健康、营养、或多或少免费而且食物里程为零的农产品。在花园里劳作一天，挖土、照料植物和收获后，你可以睡个好觉，肌肉会因为锻炼而酸痛，内心则满足于知道自己为拯救地球出了一份力，同时减少了购物账单。遗憾的是，园艺实际上比这复杂得多。虽然所有这些事情都可以是真的——我将在下文论证园艺可以拯救地球的部分原因，但是有魔鬼藏在细节里。这全都取决于你如何进行园艺活动。[①]为了更好地让你理解我的意思，我将带你在想象中前往离我最近的大型连锁园艺中心进行一次周末之旅，慎重起见，让我们给它起个虚构的名字：诺布利尔谷（Noblier Vale）。

这是 6 月底一个温暖的周日早上，宽敞的停车场几乎爆满。我们在距离大门半英里的地方将车挤进一辆路虎和一辆奥迪敞篷车之间，走过炎热的柏油路面，在推着手推车回到车上的顾客之间穿梭。这些人的手推车上装满了五颜六色的观赏植物，将要种在东萨塞克斯各地修剪整齐的花境里。在大门附近，数十名弯着腰的退休人员正在颤颤巍巍地走下一辆闪闪发光的超大型长途汽车。在自动滑动门内，有空调的宽敞的室内空间提供了各种各样

---

① 我要感谢约翰·沃克（John Walker），他是生态园丁和安静的生态斗士，让我看到了现代园艺业的现实。他的著作《深挖花园》（*Digging Deep in the Garden*）和《如何创造生态花园》（*How to Create an Ecogarden*）非常值得一读。

令人愉悦的事物，这里简直是购物者的天堂。大部分花园植物当然都在主建筑的后面，但是要想抵达那里，我们必须先穿过一些过道，这些过道里摆满了兰花、盆景树、园艺设备和工具、用热带硬木制成的上等花园家具、摆得和天花板一样高的整齐的农药瓶子（讽刺的是旁边摆放着一系列花园野生动物用品，从喂鸟器到那种被乐观地命名为"草蛉屋"的东西），还有诱人地展示着一包包种子的旋转架。当然，园艺中心如今不只出售园艺产品，这里还有一个很大的服装区，有一个熟食柜台供应气味强烈的奶酪、酿橄榄、野味派、鹌鹑蛋以及看上去就令人垂涎、价格昂贵的黄油甜酥饼干，还有一个水族馆兼宠物商店，一个充斥着陶瓷雕像、香薰蜡烛和贺卡的区域，以及一家出售各式蛋糕和手切美味三明治的咖啡馆，这里周末还供应含三道菜的烤肉午餐。很难想到有什么东西是在诺布利尔谷买不到的，如果你的钱包够鼓的话，你几乎不需要在任何其他地方购物。实际上，装有软垫的露台躺椅看起来是如此舒适，让我不禁想知道要是我搬进来不走了，他们会不会注意到。

我们终于走出商店，来到它的后面，这里是数英亩的鲜艳花丛，这些花卉按照字母表顺序排列在密集的一排排长凳上。第一个区域专门陈列花坛和吊篮植物：秋海棠、非洲凤仙、半边莲、天竺葵、矮牵牛、花烟草等。除了这些，还有一系列多年生草本植物，全都处于令人垂涎的盛花期。有很多蜜蜂和熊蜂嗡嗡作响地飞来飞去，挑选自己最喜欢的美食，这是非常清晰的线索，表明你可以买哪些种类来吸引它们。忘掉"完美吸引授粉昆虫"或"蜂类友好"的标签吧，如果你想找到最能吸引蜂类的花，只管跟着它们走就是。用这些可爱的花装满手推车的诱惑令人难以抗拒，不过价格是个强有力的抑制因素。除了鲜花之外，还有一些区域出售果树、来自中国的陶盆、混凝土雕像、灌木、塑料池塘内壁和喷泉，以及色彩鲜艳的塑料包装袋里的各种堆肥，还有装满泥土的栽培袋。

现在你可能已经知道我为什么要把你带到这里来了。虽然我非常喜欢逛诺布利尔谷，看看植物，在咖啡馆喝卡布奇诺，但这是个一心追求消费和利润的购物中心。购买这里出售的大部分商品都是在积极地伤害地球。我知道我可能要开始令人厌烦地说教了，但是请容忍我一会儿，因为我认为这很重要。在这里出售的一切都需要资源才能创造出来，八成的植物是在欧洲大陆培育的，通常是在加温塑料大棚里，用含泥炭的堆肥种植在可降解塑料盆里，并施加肥料让它们迅速生长，施加农药让它们外表完美。然后它们被运输到数百英里外的英国，很多是一年生植物，或者不太适合当地的上壤或气候，因此会在当年以这样或那样的方式死亡，被扔进垃圾箱（最好的情况是进入肥堆），为次年春天的新植物腾出空间。很多种类经历了严格的选育，由于育种目标是更大的花和更多的花瓣，因此已经丧失了对蜂类的吸引力。

这还只是植物。这里出售的其他商品大多也同样糟糕，都外表光鲜亮丽但毫无意义。我不是在建议我们今后都应该穿山羊毛衬衫，靠自家种的芜菁度日，但如果我们在每隔一段时间去当地园艺中心买一包拇指西瓜种子和一尊微型武士雕像之前，都不能先吃一块胡萝卜蛋糕，喝一杯枸杞奶昔的话，生活就不值得过。我们都应该意识到自己在做什么，意识到我们对地球的影响。我们人类实在太多了，所以这是我们唯一的选择。

当然，人们根本不需要购买太多东西，仍然可以拥有一个既美丽又高产，而且充满生机的花园。植物的最佳来源是邻居、家人和朋友。想要知道哪些植物可以在你的花园里茁壮成长，最佳方法是看看附近的花园，它们在土壤、气候等方面必然有非常相似的条件。大多数植物很容易繁殖，方法非常多样，例如分株、采集种子并播种、挖出多余实生苗或者采集插穗，而热情的园丁通常很乐意交换或者赠送少量植物。[①] 这样，你就可以得到不含化学药剂的植物（只要你的邻居没有喷洒它们），而且这种方式对环境的影响是零。花园里绝对没有必要使用人造肥料或农药，而且正如我们所见，泥炭堆肥有很好的替代品（你甚至可以自制）。除了一些基本的园艺工具（如果你想要减少开支，你可以在汽车尾箱旧货市场上以近乎不要钱的价格买到）和几包蔬菜种子（如果你特别热衷于种菜，很多种子可以自己收集），没有必

225

---

① 我的外祖母是一位非常热情的园丁，她使用一种别样的非法策略为自己的花园获得新植物。她会定期参观观赏植物园和乡间庄园，随身携带一把修枝剪和一把折叠伞。当她从有趣的植物旁边走过时，它们的枝杈会奇迹般地脱落，不知何故掉进她的伞里，待她一回家就上盆栽种。当然，我不可能推荐这种非法的做法。

要买任何东西。园艺可以真正是绿色的，我认为这恰恰包含着拯救地球的关键。为了解释原因，让我们将诺布利尔谷贪图享乐的诱惑抛在脑后，简单看看现代农业。

在发达国家，我们习惯的农耕模式是大规模单一作物栽培，种植面积往往高达数十或数百公顷。在英国，小麦是种植规模最大的作物，占地约 2000 万公顷，大麦和油菜的种植面积都大约为 60 万公顷。为了保持这些作物的"健康"，它们通常会被施加大量农药，还会接受多次施肥。最终的结果令人印象深刻：明亮的绿色田野一直延伸到地平线，几乎看不到一根杂草、一只蛞蝓或有害昆虫。不幸的是，这种耕作系统有很多缺点。全球范围内的农业集约化和越来越多的自然栖息地向农田的转变，是生物多样性丧失的最大驱动因素，在种植现代作物的农田中，除了作物本身，几乎没有什么能够存活。物种目前正以每年 1000 个到 1 万个的速度从我们的星球上消失（后者相当于大约每小时 1 个），而且速度还在加快。那些幸存下来的生物也远没有以前常见了。在英国，农田鸟类的总数自 1970 年以来减少了 58%。[①] 在德国，业余昆虫学家使用前文提到的马氏诱捕网对飞行昆虫进行捕获采样，最近的结果显示 1989 年至 2014 年间，捕获昆虫的总生物量下降了 76%。年长的读者可能已经注意到，即使在盛夏驾

① 很多关于野生动植物丰度的调查始于 1970 年，因此人们经常引用自那时以来的下降情况，但应该记住的是，1970 年肯定不是野生动植物丰度的巅峰时期，因为此时已经经历了至少 30 年的快速农业集约化，DDT 等合成杀虫剂也已被广泛应用。

车，你也几乎不需要像以前那样停下来清理汽车挡风玻璃上的碎虫子（尽管一小部分原因可以归结于许多汽车的结构比以前更符合空气动力学了）。大面积耕地极其容易发生土壤侵蚀，尤其是在犁地之后，目前每年从地球表面流失的土壤约 1000 吨，由此产生的沉积物会对河流和沿海水域造成生态破坏，同时增加了洪水。土壤侵蚀在热带地区相对更为严重，但在英国也有引人注目的例子。在东盎格利亚的霍姆芬（Holme Fen），一根在 1851 年陷入厚厚泥炭土壤中的柱子如今仿佛已经上升到冒出地面 4 米了，然而实际上并不是柱子上升了，而是地面下降了。人们将周围沼泽的水排走以创造耕地，这导致泥炭坍塌，如今它们暴露在空气中而不是被水淹没，于是泥炭便稳定地生成二氧化碳，加剧气候变化。周围地区现在低于海平面 3 米，而且仍然以每年 1 厘米的速度下降。东盎格利亚沼泽地的一半泥炭已经消失，如果继续以目前的方式在上面耕作，剩下的最终也将消失。

工业化农业也是污染的主要来源。化肥污染了绿篱，导致酸模、猪草和荨麻——都是在肥力高的土地上茂盛生长的植物——肆虐，本可以生长在田野边缘的娇弱的花被挤压，消失不见。化肥还会污染地下水，渗入淤塞的小溪、河流和湖泊，出现导致水生生物窒息以及被毒害的藻华。一些农药同样容易偏离它们的目标作物，我在萨塞克斯大学的研究团队在绿篱野花的花粉、花蜜和叶片中发现了新烟碱和其他农药的混合物。新烟碱经常出现在从溪流和池塘采集的水样中，甚至还出现在饮用水里。

你可能会惊讶地听说，农业活动是气候变化的最大"贡献"因素之一，它产生的影响和能源生产大致相同。一项最近的估算指出，全球的农业活动每年产生 120 亿吨"二氧化碳当量"（甲烷等温室气体比二氧化碳的效力更强，因此会得到相应的加权）。这几乎是全部温室气体排放量的 1/4，其中包括化肥生产、土壤侵蚀产生的二氧化碳、牲畜排放的甲烷以及燃料成本等的综合影响。

仿佛这些还不够似的，现代机械化农业体系雇用的人力很少，因此农村社区已经萎缩，而纳税人为这种体系提供了极大的财务支持。在英国，我们每年为农业提供约 30 亿英镑的补贴，这些纳税人的钱大多给了大规模工业化农场主。农场越大，农场主得到的就越多。我讨厌让自己听起来像个《每日邮报》（*Daily Mail*）的专栏作家，但是我们每年向沙特王子哈立德·阿卜杜拉·阿勒沙特（Khalid Abdullah al Saud）支付 40 万英镑的农场补贴，好让他经营位于纽马克特（Newmarket）附近的庄园，在那里繁育赛马。我们还资助位于英格兰北部和苏格兰的松鸡荒野狩猎庄园，这些巨大的庄园由非常富有的人拥有，而且完全是为了极少数的另外一些富人的利益管理的，他们昂贵而古怪的爱好是穿着宽松花呢裤子消灭野生动物。更典型的情况是，我们付钱给农场主，让他们以危害环境的方式种植大片小麦和油菜。

总而言之，工业化农业正在消灭野生动植物，消耗和污染我们的土壤、溪流和湖泊，并成为气候变化的主要推动因素，而气候变化本身可能会对地球产生进一步的灾难性后果。更糟糕的是，我们还要通过纳税补贴这套体系。我们对工业化农业长达 80 年的试水应该被视为一场惨败的实验。

此时此刻，我可以想象，任何读到这里的农民都可能会有点恼火。我知道很多农民感觉自己因为整个世界的痼疾而遭受不公正的指责，当像我这样的环保主义者提出这些问题时，他们对我们很不满。他们的看法是有道理的。工业化农业的出现并不是因为农民计划这样做，这在很大程度上是目光短浅、贪婪或无能的政客推出的政策和补贴所产生的结果；也可以归咎于农用工业的主导者，即生产和兜售农药、化肥和机械的跨国公司，它们的产品令工业化农业成为可能，它们从目前的体系中收获巨大利益，在农业部门的研发中占据主导地位，并雇用大批农艺师将它们的最新产品推销给农民；还可以归咎于消费者，他们似乎更想购买外表没有瑕疵的廉价食品而不是购买优质的当地农产品，他们不关心自己买来的东西是否含有农药。如果你只愿意以每千克 7 英镑的价格买鸡胸肉，这些鸡就只能过着极其短暂、局促和不愉快的生活。也许这件事还可以归咎于超市，他们想以 4 品脱 ① 1 英镑的价格亏本销售牛奶以吸引顾客，并利用巨大的购买力挤压农民的利润，甚至稍有畸形的蔬菜也要拒之门外。当然，农民也有部分责任，有些农民显然没有像人们希望的那样成为乡村的看守

---

① 约 2 升。——译者注

人。我们全都是同谋，而抨击农民无济于事。我们对农民的需要超过任何其他职业。如果律师、政客、银行家、大学学者或者销售不知何故在明天全都消失了，我认为这个世界能够很顺利地应付过去，有些事情甚至可能会变得更好。但是如果农民消失了，我们大多数人会在一年之内饿死。

有人可能会争辩说，农业在过去的 100 年里发生的变化是必要的，我们现在的人口数量是 70 亿而且还在增长，这就需要大规模的粮食生产，而唯一能够做到这一点的就是工业化农业。今天晚上，坐下来吃晚餐的人比昨天多出 22.8 万人。被污染的溪流和不断减少的鸟类与蝴蝶数量也许只是为养活人类而做出的努力所产生的不可避免的附带伤害。就像我们可以尝试制造机器蜜蜂一样，也许在未来，我们可以找到不需要土壤或干净水源的方法来种植作物。也许我们还可以通过技术手段解决气候变化问题，比如向大气中喷撒铝尘或其他反光材料。的确有这种可能，但是在我看来，我们似乎对子孙后代的聪明才智提出了非常高的要求，而且这些技术手段带来的问题可能比他们解决的问题还多。我们将给后代留下一个受到污染的世界，这个世界的很多自然资源都已枯竭，大部分自然美景已经消失，我们还指望他们能解决这些问题，想办法生活下去。大多数父母和祖父母几乎愿意为自己的后代做任何事，但似乎有一个例外，那就是为后代留下一个健康的星球好让他们在上面生活。

这件事最让我头疼的方面是，这些其实没有必要。这些附带伤害都是可以避免的。有好得多的方式可以为人们提供食物，特别是在目前的体系效率低得惊人的情况下。全世界生产的所有食物中，大约 1/3 会被丢弃，发达国家的食物浪费比例更高，在美国甚至超过 50%。当然，有些食物浪费是不可避免的，无论你怎样小心，在你外出度过周末时，总是会有最后一片面包发霉或者没喝完的半瓶牛奶变质。然而很多食物的浪费是毫无必要的，超市拒绝接受营养丰富的作物，因为它们不符合严格且武断的大小或形状标准，商店在最佳赏味期限到期时丢弃还完全可以吃的食物，而消费者对自己放进冰箱里的东西全无这种顾虑，只会放心地吃。在发达国家和地区，食物很便宜，很多人似乎并不在意因为扔掉食物而浪费钱，即便他们为这些食物花了真金白银。在美国，餐厅供应的饭菜常常分量很大，所以用餐者习惯于在盘子半满时就把盘子推开。我观察过人们在自助餐厅的表现，他们把盘子堆得高高的，然后将很多食物放在一边，一口都不吃。我的母亲经历过战争，她厌恶浪费，我是被她以拒绝浪费的方式养大的，这种随意丢弃完美食物的行为让我感到不安。

如果我们不浪费这么多食物，我们生产食物的方式就可以不那么集约化，或者我们可以将大片土地还给自然。目前，地球表面有 4900 万平方千米的土地用来生产食物。理论上，如果消灭食物浪费，那么可以有大约 1600 万平方千米的土地——相当于整个美国加上澳大利亚的面积——转变为自然保护区，也许可以用来开展大规模再野化项目。这是个非常棒的想法，即便它有点异想天开。我们当然不可能消除所有的食物浪费，但尽管如此，这仍然让我们在一定程度上明白了稍微提高这套体系的效率就能获得多大规模的好处。

除了可耻地浪费状态完美的食物之外，目前的体系还有另一个非常低效的方面，那就是我们对深度加工食品和糖的过度且仍在不断增长的消费。对食物进行加工和添加精制糖大大降低了其营养价值。世界上有 7.5 亿人经常挨饿，而据估计有 20 亿人超重或肥胖。印度可能是对比最鲜明的国家，大约 2 亿印度人体重严重偏低，与此同时印度有 3000 万肥胖者，后面这个数字自 1975 年起增加了 20 倍。因此，肥胖相关疾病已经取代传染病，成为全球范围内过早死亡的最大原因。与肥胖和不良饮食相关的慢性疾病的治疗费用是导致英国医疗服务系统崩溃的原因之一，政府官方数据显示，肥胖相关的健康问题导致英国每年花费约 270 亿英镑，与饮食相关的糖尿病及其并发症贡献了这个数字的一半。

我们也都意识到，我们当中有很多人的食肉量远超对我们有好处这一必要限度。随着亚洲大部分地区开始以与西方国家类似的速度消费肉类，据估计，全球肉类消费量将在 2050 年翻一番。虽然有点难以置信，但美国公民显然平均每年吃掉 124 千克的肉，这肯定不是我们希望效仿的。除了破坏地球，吃太多肉还会增加罹患心脏病、癌症、肾病、骨质疏松症和感到其他各种不适的风

险，其中有很多是会因为肥胖而恶化的疾病。全世界已经有大约
2/3 的农地是放牧动物的牧场（其余大部分是种植作物的耕地）。
此外，大约 1/3 的作物被用于饲养牲畜，所以目前地球上一共有
76% 的农地直接或间接用于肉类生产。总体而言，农业活动产生
的温室气体有近 3/4 来自畜牧业生产。

孩子们在学校里学习营养金字塔，了解太阳的能量被植物用
来生长，然后植物再被觅食的动物吃掉。但是，能量通过食物链
在不同层次之间的转移效率通常最多只有 10%。简而言之，洒在
1 公顷土地上的阳光可以养活 10 吨植物，但只能养活 1 吨食草动
物，以及 0.1 吨食草动物的捕食者。这就是鹰和狮子总是比兔子
或羚羊稀少的原因。这一不可避免的生态学事实指向了一个显而
易见的结论：如果我们希望在不破坏地球的情况下养活不断增长
的人口，那么要是我们更像兔子而不是更像鹰的话，我们实现目
标的可能性就会大得多。

虽然这个简单化的类比很好地说明了这一点，但现实要更复
杂一些。就生产肉类对环境的影响而言，并不是所有的肉都是同
等的。和牛相比，家禽将食物转化成肉的效率高得多。生产 1 千
克鸡肉需要 2~3 千克谷物，而生产 1 千克羊肉或猪肉需要约 4 千
克谷物，生产 1 千克牛肉需要 7~20 千克谷物。如果我们观察与
生产不同种类的肉相关的温室气体，差距就更显著了。生产 1 千
克鸡肉会释放 3.7 千克二氧化碳当量，生产 1 千克猪肉会释放 24
千克二氧化碳当量，而生产 1 千克牛肉会释放令人不安的 1000

千克二氧化碳当量。这种巨大差异在很大程度上是慢性肠胃胀气和无休止的打嗝导致的，这是牛在胃里发酵其午餐的结果，该过程会产生大量甲烷。结论很清楚，如果你像我一样不想变成素食主义者，而且认为肉类不但美味且是人类最佳饮食的一部分，那就少吃一点肉，并且主要吃鸡肉或者公路上被撞死的动物的肉。如果你一定要吃牛肉（我比大多数人都更爱吃黑胡椒牛肉派），那就尽量寻找草饲牛肉，因为世界上有很多地区不太适合耕种，放牧动物可以最大限度地利用土地。这让我想起了英国一些比较潮湿和更靠近西边的地区。更好的做法是自己饲养动物，尽管这一步对大多数人来说有些不切实际。我养了马朗鸡（Maran）和萨塞克斯白鸡（Light Sussex），还有波旁红火鸡，让它们白天在花园里游荡，自己找食物吃。它们是回收利用厨余垃圾的好手，会吃掉果园里剩下的任何苹果，从过剩的西葫芦里啄种子吃，所有这些都意味着我不需要为它们购买太多饲料。每年我都孵化一些新的鸡，养大后将公鸡作为周日午餐，并为每年圣诞节留一只火鸡，因此我们拥有供应稳定、零食物里程的低碳鸡蛋和肉类。偶尔，我还会在草坪上屠宰被车撞死的动物，然后把大块的肉储存在冰箱里，所以我们很少买肉。

遗憾的是，大多数人没有自己养鸡或者种菜的空间。在英国，80% 的人住在城市或者周围的城市扩张区。开发商将房屋挤进小块土地以最大化他们的利润，所以现代花园往往很小，而且还有很多人住在没有任何外部空间的公寓。解决该问题的一个方案是份地。

份地在英国拥有一段有趣的历史。它们的出现在一定程度上 是因为农村的圈地现象，即当地居民以前有权放牧或耕种的大片公共土地被征用并被分配给某位土地所用者，使用绿篱或栅栏标记新的边界，将土地"圈"起来。这一现象早在 12 世纪就出现了，但是在 18 世纪和 19 世纪才真正加快了步伐，当时大多数土地被私人收购，令农村社群流离失所，很多人被迫搬到城市找工作。这一过程加上机械化的逐步引入，使得大规模单一作物栽培得以实现，农业从自给自足——种植出来的大部分粮食用于本地消费——转向经济作物种植以获取利润。类似的过程可见如今正在许多发展中国家上演的"土地掠夺"，特别是在非洲和南美。在这些地方，富有的企业正在收购大片土地种植经济作物，并且将当地人从他们世世代代占据和耕作但从未被赋予合法所有权的土地上赶走。①

在英国，圈地导致了相当大的社会动荡。1607 年，北安普 敦郡的暴动农民摧毁了新种的绿篱，填平了分界沟。他们遭到地主的残酷镇压，四五十人被杀死，头目被当众绞死并被砍成四

---

① 在土地掠夺中，迄今为止购买方已经获取了约 5000 万公顷的土地，非洲的问题最严重，据估计被购买的土地至今已占所有耕地的 9%，但这在南美洲及亚洲部分地区也很普遍。有人为土地掠夺辩护，认为外国投资能创造就业机会，增加出口，并提振基础设施和经济，最终将使相关国家受益。我怀疑那些被赶出自己土地的个体农民不会同意这种看法。更微妙的土地掠夺也发生在欧洲，那里有跨国公司正在买地，以利用共同农业政策（Common Agricultural Policy）基于地区提供的补贴，这让它们受益颇丰。

块。40年后，杰拉德·温斯坦利（Gerrard Winstanley）发起了掘地派运动（Digger movement），其理论基础是挖土地种庄稼是上帝赋予人的权利。他和一群志同道合的人在萨里郡圣乔治山（St George's Hill）的圈地里建立了一个蔬菜种植社区。当地的地主当然认为这是对现状的威胁，派出一伙武装人员殴打掘地派，烧毁他们的住所，并将他们赶出了这片土地，但至少他们没有被肢解。接下来的两个世纪见证了许多来自穷人和被剥夺者的类似抗议和骚乱，但是随着议会的连续几项法案保障了圈地的合法地位，他们注定要失败。很多抗议者被绞死或者被驱逐到了海外殖民地。

提供份地被视为一种安抚失地穷人的方式，还可以让他们远离麻烦和酒馆，如果他们失业了，还能让他们免于饿死。1887年，《份地法案》（Allotment Act）规定，如果当地有需求，地方议会必须提供份地，份地的面积被限制在253平方米以内，须支付象征性的租金。份地在"一战"期间真正崭露头角，当时德国的封锁令食物无法进口，于是新鲜食物突然供不应求，价格飙升。地方议会被赋予了将弃置土地划为份地的权力，而且铁路公司有义务放弃自己未使用的土地（铁路旅行者可能有一种错误的印象，觉得英国到处都是份地，这是因为有数量不成比例的份地紧挨着铁路线）。到1917年时，英国有150万块份地，是有史以来最多的时候。在两次世界大战中间，份地租赁有所下降，但是随着1939年英德再度敌对，它再次流行起来。

236

报纸创造了"为了胜利掘地"（dig for victory）的说法，杰拉德·温斯坦利肯定会赞成这个口号，它后来被政府采用了。有关方面拍摄了宣传种植食物的影片和广告，分发了数千万份传单。本着共同努力和牺牲的精神，伦敦几座美丽的皇家公园都被挖开地面并种上了蔬菜，包括海德公园和圣詹姆斯公园，甚至连伦敦塔的干涸壕沟里都有份地。

家庭种植的这段黄金时期在 20 世纪的剩余时间里逐渐消失了。到 20 世纪 60 年代，食物已经变得丰富且廉价，人们自己种植食物的动力已然消失。人口激增导致了对住房的巨大需求，于是份地被卖给了开发商。到 1997 年，英国只剩下 26.5 万块份地，不到 80 年前的 1/5。

如今，事情再次发生了变化。人们自己种植食物的兴趣正在增加，这可能是因为《河边村舍》（River Cottage）等电视节目介绍了自己种植农产品带来的健康效益和满足感，也可能是出于对动物福利以及传统农业环境影响的担忧。份地数量回升至 33 万块左右。[1] 据估计，英国有超过 9 万人正在排队等待领取份地。这些人想种植自己的可持续的、零食物里程的农产品，但是做不到，因为土地被以集约化农田为主的其他用途锁定了。

此时，你可能在想我要把话题引到哪里去。我不会主张将高

---

① 据估计全欧洲有 300 万块份地。

产农田变成由临时搭建的棚屋、破破烂烂的塑料温室、菜畦、果树和过度生长的悬钩子灌木丛组合而成的大杂烩吧？大多数份地都是这些元素构成的。你可能会认为，这种一片混乱的场面不可能为养活世界做出重要的贡献。那你就错了，份地出人意料地高产。实际上，皇家园艺学会和 *Which?* 杂志的研究表明，一个称职的份地租赁者或园丁可以获得每公顷 31~40 吨的产量，这与二战期间的食物生产历史记录一致。相比之下，农场主每年能从每公顷土地中获得大约 3.5 吨油菜籽或 8 吨小麦，并且要使用大约 20 种不同的农药和化肥来实现这一目标。因此，份地租赁者或园丁种出的农产品重量可以是同等面积集约化耕地的 4~11 倍，具体数量取决于份地租赁者的技能水平以及他或她选择种植的作物类型。还要记住，在英国生产的全部小麦中，只有 1/3 达到了可供人类食用的标准，其余的都用作牲畜饲料。相比之下，份地食物 100% 可供人类食用。

同样有趣的是，从耕地作物中获得的产量是几十年来投资的结果，人们花了数十亿美元用于研究更好的作物品种、开发新型农药、优化播种量和施肥技术等，其结果是从 1920 年至 1990 年，小麦产量翻了两番。但是和其他主要农作物一样，在过去 20 年左右的时间里，小麦产量一直顽固地保持着稳定。相比之下，花园和份地中食物生产的研究投入微乎其微，主要靠坊间传闻、二手民俗和猜测。然而，就每公顷生产的食物重量而言，它的表现仍然是常规农业的 4~11 倍。

你可能会质疑这些数据的真实性。这看起来根本说不通。一边是笨手笨脚的业余爱好者，用的是叉子和铲子，另一边是职业农民，在专业农学家的建议下用着最新的设备，前者生产的食物怎么可能会是后者的 11 倍？原因实际上很简单。在花园或份地中，一小块地方可以装进很多不同的作物。在我的花园里，我把莴苣种在两排马铃薯之间，在马铃薯叶片长大并将莴苣闷死之前，莴苣就可以收获了。在种植荷包豆（runner bean）的架子之间，我播种了一片萝卜（radish），5 月时我还在我的大蒜和洋葱中间种植了南瓜和小胡瓜幼苗，6 月，在南瓜真正开始发力生长之前，大蒜和洋葱就可以收获。荷兰豆（mangetout pea）爬上我的紫球卷心菜（purple sprouting cabbage），让欧洲粉蝶在产卵时更难识别自己的宿主植物。草莓和倭瓜生长在我的黑醋栗灌木丛下。密集种植多种作物有巨大的优势。人们每年可以在一小块土地上收获数次，而且害虫很少，因为它们必须更费力地在所有植物的枝叶中寻找宿主，即便它们成功找到了，它们也更有可能被在这套体系中繁衍生息的无数天敌之一吞噬：蠼螋、瓢虫、食蚜蝇和寄生蜂等。花园或份地菜圃模拟了一个自然生态系统，木本植物、禾草和其他草本植物混合在一起，每一种植物都占据不同的生态位，所以这里能够挤进大量的植物。地面几乎不会裸露，这意味着捕获的可用阳光多得多。

在我自己的花园，我每年都会记下作物产量。在我写到这里时，是 2018 年 1 月，2017 年的作物此时已经全部收获。

菜蓟（artichoke），0.5 千克

芦笋，2 千克

甜菜根，2 千克

黑莓，2 千克

黑醋栗，2 千克

蓝莓，0.5 千克

蚕豆，6 千克

西兰花，2 千克

花椰菜，1 千克

莙荙菜（chard），5 千克

甘露子
（chinese artichoke），0.5 千克

小胡瓜，22 千克

黄瓜，5 千克

榛子，0.2 千克

四季豆，3 千克

大蒜，1 千克

鹅莓，1.5 千克

葡萄，4 千克

蜂蜜，1 千克

莴苣，1 千克

罗甘莓
（loganberry），2.5 千克

荷兰豆，2 千克

西葫芦，81 千克

欧楂（medlar），1 千克

酢浆薯（oca），3 千克

洋葱，40 千克

欧洲防风草，15 千克

梨，15 千克

欧洲李，4 千克

马铃薯，95 千克

紫球卷心菜，3 千克

榅桲，2 千克

红醋栗，4 千克

大黄（rhubarb），6 千克

荷包豆，35 千克

南瓜，36 千克

草莓，44 千克

泰莓（tayberry），1 千克

| 小松菜<br>(Japanese spinach)，2 千克 | 番茄，2 千克 |
| 菊芋，22 千克 | 雪莲果，8 千克 |
| 韭葱，15 千克 | |

所有收获加起来，相当于这 500 千克出头的水果和蔬菜，全都来自约 160 平方米的区域，面积比一块标准份地小得多（我没有将面积大得多的果园算进来，那里每年结几吨苹果，大部分都进了苹果榨汁机）。粗略地计算一下，根据在超市购买这些农产品的价格，我估计我每年可以节省约 1600 英镑，不过要是我能选择的话，我大概不会买那么多西葫芦。换算一下，这个产量相当于每公顷 31 吨，是 *Which?* 杂志测出的产量范围的最低水平。我肯定不是最有效率的园丁。

除了产量之外，这种食物生产还有许多其他优点。正如我们已经看到的，与农田土壤相比，花园和份地的土壤通常含有更多的碳，而且有锁住更多碳的潜力。和常规农田相比，它们可以养活更多的野生动植物，而且几乎不需要农药。除此之外，还有最后一个令人信服的理由说明了为什么任何自己没有菜地的人都应该考虑去获得一块份地：这会让你更健康。最近在荷兰开展的一项研究比较了份地租赁者及其邻居的多项健康指标，在校正了外部因素之后，发现年轻的份地租赁者并不比他们的邻居更健康或更不健康，但是对于 62 岁以上的人，有份地的人在每一项健康和幸福感指标上的得分都更高。这些好处可能仅仅是因为园艺活动能够帮助人们放松，人们发现半小时的园艺活动就会使皮质醇水平显著下降（这是常用的压力衡量标准）；也可能是因为与园艺相关的定期、适度的体力活动，或是种植的食物有益健康；再可能是因为某些其他不太容易量化的东西。有人认为，份地有助于构建社区，让人们走出自己的家，不再离群索居，与志同道合的人（潜在的朋友）一起锄草和掘地。

这就让我不得不提到份地上的食物种植与常规农业相比效率低得多的一个方面：它需要大量人力。机械化和大面积农田让常规农场能够以最少的劳动力完成运营，实际上，一个现代化的耕种农场可以只由一个人经营，在最忙碌的时期他可以通过雇用包工来解决问题。因此，英国只有不到 1% 的工作岗位属于农业，而 1840 年时的比例是 22%（全球的平均水平是 40%）。农业的工业化和机械化导致了农村社区的崩溃，农村的商店、酒馆和学校纷纷关门。我在花园里生产食物的方式需要大量劳动（不过我有一份全职工作，所以只能在周末和晚上干这些活儿）。在成排马铃薯之间种植和收获莴苣是没法机械化的，也无法机械化采摘散布在西兰花中的荷兰豆，至少在有人发明某种非常聪明的机器人之前不可能。但是种植食物需要很多人真的是一件坏事吗？毕竟，这个世界有一样东西是不缺的，那就是人。在没有任何鼓励或推动的情况下，目前有 9 万人想要一块份地。但是如果我们在政府的支持下，再进行一场"为了胜利掘地"式的运动，情况会怎么样呢？二战期间，我们吃的食物中有 10% 是在份地和花园里生产的，据估计这些土地的面积不到当时传统作物耕地的 1%。要不要赋予地方议会可强制购买毗邻城镇的农田的权力？你可能会认为这个建议太离谱了，然而新 HS2 铁路线的建设需要强制购买更大面积的土地，包括数百人的家园。也许我们可以从目前发放的 30 亿英镑农业补贴中拿出一小部分来支持份地，并鼓励人们在花园里自己种植水果和蔬菜。这笔钱可以用来支付免费培训活动的费用，可以鼓励地方议会获取份地并补贴其成本，或许还可以用来提供免费的蔬菜种子。如果我们这样做了，我怀疑我们可以再让 9 万人回到土地上。在从前的农田上创造的每一块份地都将增加食物产量，增加土壤的碳捕获能力，提高生物多样性，减少农药使用，并改善年迈的份地租赁者的健康状况（从而减轻国家卫生服务体系的负担）。

当然，鼓励人们利用份地本身并不会解决世界上所有的问题，但我认为我们需要朝着正确的方向迈出这一步，这一步会让更多的人意识到食物从哪里来，让更多的人种植供当地消费的不使用农药的健康食物，而且他们的种植方式还可以支撑丰富多样的生命的生存。我们可以扩大这种方法的规模，充分利用那些令份地如此高产的特性。虽然目前存在多种模式，然而还没有哪一种得到主流界的认真考虑。农林复合（agroforestry）是其中一种模式，永续农业（permaculture）是另外一种，它们之间有很多共同之处。二者都包括一些相同的原则，例如近距离种植包括多年生植物在内的多种作物，以及保育和培育土壤，将土壤视为我们拥有的最基本和最宝贵的资源。农林复合基本上意味着将林木混入农耕。按照最简单的形式，它可能涉及在牧场种植高产果树，而牧场则用于放养牲畜或散养母鸡。我的果园就是某种农林复合系统，我的鸡和火鸡在里面四处啄食。树木可以提供诸多好处，包括带来可食用的收成如苹果，为牲畜或喜阴作物提供阴凉、木柴或建筑材料、可供牲畜食用的嫩叶，为其他作物护根，改善排水、减少洪水以及保持水土。还可以加入其他树木，例如能够从空气中固氮以增加土壤肥力的物种。在热带地区，咖啡通常以单一栽培的形式种植，随之而来的就是土壤侵蚀问题和巨大的虫害压力，必须大量使用杀虫剂。在自然环境下，咖啡是一种在阴凉处茁壮生长的灌木，因此使用更高的雨林树木提供阴凉可以让人们可持续地种植咖啡。这种方法大大增加了生活在种植园里的野生鸟类、哺乳动物和昆虫的物种数量，减轻虫害压力，抑制杂草，并为作物提供了更可靠的授粉。这种"林荫种植咖啡"还可以溢价出售，因为它提供了巨大的环境效应。因此，林荫咖啡的种植面积正在增加——这对野生动植物来说是个好消息。不幸的是，全球日益增长的廉价咖啡需求正在以更快的速度推动单一栽培咖啡种植园的扩张，长远看来这样做也许是不可持续的，但大量种植咖啡灌木，不费心去种植为它们遮阴的乔木显然更快、更

243

容易。①

　　永续农业稍微难解释一点，在我看来也更模糊一些，我觉得它似乎更像是哲学而非科学。专注于与自然合作，而不是逆自然而行——这一点我当然会全心全意地支持。它是由塔斯马尼亚大学的科学家比尔·莫里森（Bill Mollison）和他的博士生大卫·霍姆格伦（David Holmgren）在 20 世纪 70 年代提出的。莫里森的灵感是在观看有袋类动物在茂盛的塔斯马尼亚温带雨林中吃草时产生的，他的想法是建立一种系统，让人类可以作为其中的一个有机组成部分，融入这种功能复杂、相互联结、可持续且有生命的系统之中。他主张先对任何特定地区的生命体的相互作用和功能进行长期而周密的观察，然后再尝试"有意识地设计一种模仿自然中的模式与关系的景观，同时生产出充足的食物、纤维和能量，以满足当地需求"。在实践中，莫里森提出的方案包括将从乔木和灌木到香草和真菌的多种有用植物种在一起，并吸引野生动物和饲养驯化动物。我无法断定莫里森到底是天才般的梦想家还是疯狂的嬉皮士，或者两者兼而有之，但他的想法显然是正确的。

① 类似的原则也适用于可可，可可通常是在全日照条件下单一栽培的，但它其实是一个自然生长在南美洲热带地区热带雨林树荫下的物种。我在萨塞克斯大学的同事米卡·佩克（Mika Peck）正在领导一个项目，以拯救濒危物种棕头蜘蛛猴（brown-headed spider monkey），如今它只有大约 250 只幸存个体。尽管厄瓜多尔西部的一片核心森林已经被买下来，以保护这些猴子繁衍生息的最后一片重要的热带雨林，但米卡和他的团队仍一直在和当地的可可种植者合作，用一圈保护性的"林荫种植可可"农场包围这片森林。作为保存林冠和保护猴子不被偷猎的回报，种植者的可可豆会被溢价收购。

园艺拯救地球　　**261**

既然我谈到了古怪的人和另类的农业形势，我猜我必须得提到生物动力农业（biodynamic farming）。这是鲁道夫·斯坦纳（Rudolf Steiner）在 20 世纪 20 年代提出的概念，本质上是对非常早期的化学农业的一种消极反应。斯坦纳对作物和牲畜健康状况的明显恶化感到担忧，将其归咎于人造化肥使用的日益增长。生物动力农业与有机农业有很多相似之处，它禁止使用农药，推广很多非常明智的做法，包括轮作、将 10% 的农场留给自然，以及从总体上照料土地和生产健康食品。这些都很棒，但遗憾的是，生物动力农业还包含一些在我看来像是巫术或魔法的东西。我曾有幸被带到一个生物动力农场参观，那里种植的各种美妙的作物给我留下了深刻印象，但是当农场经理解释说，他每年都在一只欧洲马鹿的膀胱里塞满蓍草花，先让它在阳光下腐烂一段时间，然后将它埋起来过冬，再把它挖出来用作堆肥时，我有点被吓到。正如你所知，我对堆肥的热忱不亚于任何人，但这似乎是一种相当低效和古怪的堆肥方式。他还热衷于将石英岩磨碎，装进牛角里埋六个月，再取出来撒到各处，而且他的种植计划受到月相以及月亮与黄道星座相合的影响。我确实试着保持开放的心态，如果有人能向我展示一些证据证明这真的有效（我已经调查过了，这似乎并没有任何用处），我会非常高兴，但是对作为科学家的我来说，这一切看起来都太疯狂了。

可悲的是，由于"另类"农业中存在一些善意但显然不可靠的做法，这让主流工业化农业的既得利益者很容易把它描绘成穿着粗牛仔布、抱着树的疯子们才会干的事情。[①] 他们很容易反驳说，这种胡言乱语的废话不可能养活世界。然而，这些另类食物种植方法的核心理念有科学支持，是合理的：照料土壤；种植多样化的作物；吸引授粉者和害虫天敌；最大限度地减少或消除农药和化肥；堆肥和回收利用。所有这些在一个好的园丁看来都只是常识。

想象一个不同的世界。在这个世界里，大多数人都可以使用一座花园或一块份地，自己种植食物，于是城镇被充满活力、生产力和适合社交的种植空间网络所包围，在那里，麻雀的啁啾声、蜂类的嗡嗡声与种植者比较他们小胡瓜的尺寸、交换多余食物以及分享种子的交谈声交织在一起。除此之外，想象一下我<sup>246</sup>们拥有的不是那些巨大的小麦麦田或黑麦草牧场组成的绿色沙漠，而是小型可持续农场，采用适合当地土壤和气候的有机农林复合方案，为当地农贸市场生产水果、蔬菜、鸡肉和鸡蛋，在果树下放牛以获取牛奶和奶酪。更多更小的农场意味着让更多的人回到土地上，这可以重振农村社区。与其支付巨额补贴来支持工业化农业，这才是我们应该花钱的地方：让小规模的可持续农业生存下去。无论你对英国脱欧的看法如何，它都将我们从共同农业政策中解放了出来，提供了一个扭转农业发展方向的黄金机

①  有趣的是，一些现代农耕方式并不比从牛角中撒石英粉更可信。美国环保署最近公布报告称，用在大豆上的新烟碱种子预混剂完全无效，然而当时每年有3000万公顷的农田在接受这种处理，农民为此支付了1.76亿美元。农民应该提防那些销售"万能灵药"的农用化学品销售代表。

会，让我们在大多数野生动植物和土壤消失之前做出急需的根本性改变。我们应该让政府资助的实验农场研究如何优化这种类型的农业。如果园丁或份地租赁者能够在没有任何培训或研发的情况下从 1 公顷土地中获得 40 吨食物，那么想象一下，如果我们采用科学的方法正确评估出最佳做法，可能会发生什么。研究人员可以调查哪些作物组合在一起生长得最好，开发最适合这种农业形势的作物品种，测试如何增加有用昆虫（如蠼螋）的数量，并研究如何最好地确保土壤的有机质含量随着时间的推移缓慢增长。使用这种种植食物的方法，我们可以拥有一套真正可持续的农业系统，野生动植物可以在其中茁壮成长，人们可以获得当地生产、种类丰富、营养全面的食物。如果你真的想让自己的孙辈生活在一个健康的星球上，现在是时候走到屋外，到花园里掘地了。

# 我最喜欢的 16 种吸引授粉者的花园植物

很多花卉对授粉者有吸引力，而不同种类的昆虫有各自的特定偏好。总体而言，香草和农舍花园里的多年生植物效果更好，但最好不要种一年生花坛植物（因为它们经历过高强度育种，往往已经失去了访花报酬，或者变得畸形，令昆虫无法深入其中获得报酬）。下面的清单包括了我最喜欢的种类，全都能保证将数英里之外的昆虫吸引过来，让你的花园总是嗡嗡作响。我尽可能将这份清单的内容建立在科学研究的基础上，至少我自己种过这些植物，并且可以证实它们在我的花园里是吸引授粉者的"磁石"。当然，对授粉者而言非常棒的植物除此之外还有很多，某种植物没有出现在这份名单之中，绝不表示它不值得种植。

| | |
|---|---|
| 野豌豆（*Vicia sepium*，英文名 Bush vetch） | 作为豆科成员，这种不引人注目的本土多年生攀缘植物在春末和夏季开紫色小花，总是伴随着牧场熊蜂的嗡嗡声 |
| 荆芥（*Nepeta*，英文名 catmint），总花荆芥（*Nepeta racemosa*）及相关物种 | 荆芥原产南欧和亚洲，有超过 250 个物种。总花荆芥是吸引授粉者效果最好的植物之一，这是一种蔓生的、长势健壮的多年生植物，从春末到夏末都开着淡紫色花。"六座大山"荆芥（*N. x faasenii* "Six Hills Giant"）尤其适合长舌蜂类。可爱的多年生植物，农舍花园的经典之选，每座花园都应该有一些 |

| | |
|---|---|
| 羽毛蓟（*Cirsium rivulare "Atropurpureum"*，英文名 plume thistle） | 这个物种在盛夏时节对雄性熊蜂而言是一种很棒的植物，它不像它的野生蓟属近亲那样多刺，用在花坛里很协调。然而，它的确会以营养生殖的方式扩张，可能会侵占其他植物的空间。用种子或根插条繁殖。花期为7~9 月，开花时高达 1 米 |
| 聚合草（*Symphytum officinale*，英文名 comfrey），"博金 14"（"Bocking 14"） | 一种非常耐寒的多年生植物，非常适合用在草本花境的后部或者某个被遗忘的角落，在那里它可以自己照顾自己。花期很长，从 5 月持续到 8 月，是吸引蜂类的最佳植物之一。长舌和短舌蜂类都访问它，后者常常在花朵顶端咬洞，抢劫其花蜜。可以定期收割聚合草，用来制作优质堆肥。可以长到 1.5 米或更高，并会阿死附近较小的植物。根插繁殖效果最好 |
| 大丽花（*Dahlia*），"兰达夫主教"（"Bishop of Llandaff"） | 大丽花很少出现在吸引授粉者的推荐植物名单中，但像"兰达夫主教"这样的单瓣品种对熊蜂很有吸引力（不要使用重瓣品种）。拥有鲜艳的红花和略带紫色的叶片，高可达 1 米。块茎对霜冻敏感，所以最好挖出储存越冬 |
| 欧洲山萝卜（*Knautia arvensis*，英文名 field scabious） | 可爱的本土草本多年生植物，是我特别喜欢的植物之一。我们的野生欧洲山萝卜生长在白垩土丘陵地上，但是似乎可以应对一系列花园土壤，包括我的湿黏土。有很多花园品系和品种可供选择，但我坚持使用原生物种。我喜欢粉蓝色的花，蜂类、蝴蝶和食蚜蝇似乎也非常喜欢。7 月和 8 月开花 |
| 草原老鹳草（*Geranium pratense*，英文名 meadow cranesbill） | 大多数耐寒的老鹳草属物种都很适合蜂类，而且有数十个容易种植的物种可供选择，但是如果必须让我挑一种的话，我会选择这种美丽的原生物种，无论是种在花坛里还是长在草地中效果都很自然 |
| 茴藿香（*Agastache foeniculum*，英文名 giant hyssop），"黑爵士"（"Blackadder"），"蓝福"（"Blue Fortune"）和"蓝蟒"（"Blue Boa"） | 适合蜂类的一种很棒的多年生植物，原产北美。需要排水良好的土壤，否则容易在越冬时冻死。可以长到约 1 米高，在夏天长出蜂类喜爱的蓝花穗状花序 |
| 醒目薰衣草（*Lavandula x intermedia*，英文名 lavender），"大蓝"（"Gros bleu"） | 没有薰衣草的花园是不完整的，每个园艺中心都出售这种气质不凡的淡紫色花多年生植物。但是要买正确的类型。更常见的狭叶薰衣草对授粉者的吸引力较低，法国薰衣草（*Lavandula stoechas*）的吸引力就更低了 |

249

250

| | |
|---|---|
| 肺草（*Pulmonaria*，英文名 lungwort），"蓝船旗"（"Blue Ensign"）或 "特莱维喷泉"（"Trevi Fountain"） | 对饥饿的熊蜂蜂后来说是一种很棒的早春蜜源，如果你幸运的话，它还能吸引到毛跗黑条蜂。这是一种容易种植的多年生植物，在树荫下或阳光充足时都可以生长良好 |
| 牛至（*Origanum vulgare*） | 很棒的多面手，容易种植，对多种不同的授粉者有吸引力，还很适合用来烹饪！本土多年生植物，可以长到 0.8 米高，喜欢阳光充足的位置。不要使用金叶和彩叶园艺品种 |
| 黄花柳（*Salix caprea*，英文名 pussy willow） | 本土树种，可以长到 10 米或更高。柳树雌雄异株，一棵柳树要么是雄性，要么是雌性。两种性别的柳树在早春都长出荑荑花序，对熊蜂蜂后和许多早飞独居地蜂而言是非常重要的食物来源。雄树产生花粉和少量花蜜，而雌树只产生花蜜，所以尽量种一棵雄树。花园较小的话可以购买矮生和垂枝品种 |
| 西西里蜜蒜（*Allium siculum*，英文名 Sicilian honey garlic） | 很多葱属植物（*Allium*）对授粉者很有吸引力，但要我说这种植物是最好的。奶油色和洋红色相间的下垂小花长得相当古怪，初夏开放，其中充盈着花蜜。多年生鳞茎可以在网上买到，而且虽然来自南欧，但它们在我的花园里看上去长得很好 |
| 堆心菊（*Helenium*，英文名 sneezewort），"摩尔海姆美人"（"Moerheim Beauty"） | 堆心菊在高大的茎上开着漂亮的雏菊似的花，呈暖色调的明亮橙色和红色，很受大大小小的蜂类的欢迎，特别是一些较小的独居蜂。种在我潮湿的黏土花园里，它似乎很容易在冬天死掉 |
| 不列颠百里香（*Thymus polytrichus* subsp. *Britannicus*，英文名 thyme） | 百里香有很多野生和栽培物种，但这一种可能是最适合授粉者的。百里香还会吸引大量食蚜蝇和蜜蜂。这是一种可爱、矮小、蔓生的多年生植物，可以种在花盆、露台缝隙或者花境前景中 |
| 蓝蓟（*Echium vulgare*，英文名 viper"s bugloss） | 一种令人惊叹的二年生野花，可以长到约 1 米高，在 7 月和 8 月开花，因其丰富的花蜜而受到各种蜂类的极度喜爱。喜欢阳光充足、排水良好的地点，在这种环境条件下将大量自播 |

251

**我最喜欢的16种吸引授粉者的花园植物**　　**267**

# 我最钟爱的 12 种吸引鸟类的浆果植物

很多园艺植物是鸟类的良好食物来源，它们提供浆果或种子，这些东西在食物短缺的冬季特别宝贵。这份清单只基于我自己的观察而不是科学实验。其中一些植物在开花时对授粉者也很有吸引力，因此对于花园野生生命来说是双保险。除了欧洲火棘和北美十大功劳，其他植物都是英国原产的，因此还会养活其他动物，例如吃叶片的毛毛虫。

除了下面的清单，大多数栽培果树和灌木都提供鸟类喜欢吃的果实，但你可能会和鸟类争夺它们。

| | |
|---|---|
| 黑莓（*Rubus fruticosus*，英文名 blackberry） | 一种常见的野生植物，也有无刺栽培品种，花对昆虫很有吸引力，而且鸟类非常喜欢初秋的果实（果实还可以做成很棒的果酱） |
| 黑刺李（*Prunus spinosa*，英文名 blackthorn） | 一种出色的绿篱植物，雪白的花很受独居蜂的欢迎，例如早春时节的红足地蜂（orange-tailed mining bee）。如果你不将紫色的果实摘下来做黑刺李杜松子酒，它们可以在植株上保留到冬天 |
| 森林苹果（*Malus sylvestris*，英文名 crab apple），"约翰·道尼"（"John Downie"） | 森林苹果在春天盛开美丽的花，小且味酸的果实漂亮地挂在枝头，可以坚持到冬天并被鸟类吃掉。果实还可以为苹果酒增添风味，通常用于制作果冻 |

| | |
|---|---|
| 狗蔷薇（*Rosa canina*，英文名 dog rose） | 花对蜂类很有吸引力，红色蔷薇果在冬天很受鸟类欢迎 |
| 西洋接骨木（*Sambucus nigra*） | 在夏天长出泡沫状奶油色花序，奇怪的是，它的花对昆虫没有吸引力，但是可以酿造一种不常见但颇为清淡的起泡酒。深紫色的浆果可以酿造一种很棒的酒，有点像波尔图葡萄酒，或者你可以将它们留到夏末，让鸟儿大快朵颐 |
| 单子山楂（*Crataegus monogyna*，英文名 hawthorn） | 在 5 月开放极具吸引力的花朵，常常有食蚜蝇和一些蜂类光顾，接着是从秋季持续到冬季的大量红色山楂果 |
| 欧洲火棘（*Pyracantha coccinea*，英文名 firethorn） | 夏天盛开的大量白色小花对授粉者非常有吸引力，秋季结出一簇簇诱人的鲜红浆果。也是很出色的绿篱植物 |
| 香忍冬（*Lonicera periclymenum*，英文名 honeysuckle） | 一种可爱的攀缘植物，开极具异国情调的紫色、黄色和奶油色相间的花，气味浓郁，夜间吸引飞蛾，白天吸引长舌蜂类，柔软的红色浆果很快就会被鸟儿贪婪地吃掉 |
| 常春藤（*Hedera helix*） | 一种备受苛责的植物，常常被当作杂草无情地砍掉。在初秋，朴素的绿色花朵对蝴蝶、蜂类、食蚜蝇和黄蜂极具吸引力，它们在一年当中几乎所有花朵都已经凋谢时提供了食物。深色浆果可在整个冬季供鸟类食用 |
| 北美十大功劳（*Mahonia aquifolium*，英文名 oregon grape） | 12 月和 1 月开花，很受在冬季活跃的欧洲熊蜂的青睐。春天结味道刺激的紫色浆果，是我们人类的一种美味小吃，也是乌鸫和鸫鸟喜欢的食物 |
| 花楸（*Sorbus aucuparia*，英文名 rowan） | 一种优雅的小乔木，拥有泡沫状白色花朵，在秋天结一串串红色浆果 |
| 棉毛荚蒾（*Viburnum lantana*，英文名 wayfaring tree） | 蜂类、蝴蝶和食蚜蝇访问它的花，而乌鸫、田鸫和太平鸟（如果你非常幸运的话）吃浆果。据说睡鼠和小林姬鼠也喜欢它的果实 |

255

# 制作自己的蚯蚓房

制作蚯蚓房是一种回收利用厨余垃圾的好方法，可以在短短几周内将这些垃圾变成肥沃的堆肥，供你的花园使用。需要注意的是，它不适合用来处理大量花园垃圾，所以如果你拥有一个不算太小的花园，你应该再拥有一个肥堆。有多种商业化生产的蚯蚓房可供选购，你也可以自己制作。在最简单的情况下，你所需要的只是一个大一点的塑料箱或木箱，或者垃圾箱也行，容积最好达到至少 60 升。你需要先在底部钻很多直径 12 毫米的洞，在侧面钻很多直径 8 毫米的洞。然后在底部放置至少 5 厘米厚的旧堆肥、买来的（不含泥炭的）堆肥或椰壳纤维。尽可能多地添加你能找到的蚯蚓——最好有几百条。有红色条纹的赤子爱胜蚓及其稍胖的表亲欧洲夜蚯蚓（*Eisenia veneta*，英文名 compost worm）是最好的，这两种蚯蚓都可能常见于你的花园肥堆或者你邻居的肥堆。否则你可以在线购买，然后等待卖家发货。平时在里面撒一些厨余垃圾。大部分食物垃圾都可以，包括生的和做熟的蔬菜、茶包、咖啡渣、蛋壳，以及少量煮熟的米饭和意大利面。你还可以加入少量杂草或其他花园垃圾，以及碎纸。不要使

用鱼、肉、骨头、油脂和脂肪，也不要加入大量做熟的食物如意
大利面和米饭，因为这些东西会招来老鼠。开始的时候每次加一
点。蚯蚓房需要盖上盖子，最好放在砖头上，让它离开地面以利
于排水，然后放置在阴凉处以免夏季蚯蚓太热。

　　一些比较花哨的商业化款式可以让处理过的堆肥从底部落
下，立即拿来用，但是对于自制蚯蚓房，你只需要一直添加垃
圾，直到垃圾桶装满。一旦装满，你就把堆肥倒出来，然后用
里面的蚯蚓重新开始这一过程，这些蚯蚓应该主要位于表面几
厘米处。

　　如果你真的对蚯蚓房感兴趣，你可能会喜欢读乔治·皮尔
金顿（George Pilkington）的《用蚯蚓堆肥》（*Composting with
Worms*）。

**扩展阅读**

Lymbery, P.J., *Dead Zone: Where the Wild Things Were*, Bloomsbury, 2017.

Lymbery, P.J., *Farmageddon: The True Cost of Cheap Meat*, Bloomsbury, 2014.

Pilkington, G., *Composting with Worms: Why Waste Your Waste?*, Eco-Logic Books, 2005.

Thompson, K., *The Book of Weeds*, Dorling Kindersley, 2009.

Thompson, K., *No Nettles Required: The Reassuring Truth about Wildlife Gardening*, Eden Project Books, 2007.

Thompson, K., *The Sceptical Gardener*, Icon Books, 2016.

Walker, J., *Digging Deep in the Garden: Book One*, Earth-friendly Books, 2015.

Walker, J., *Digging Deep in the Garden: Book Two*, Earth-friendly Books, 2016.

Walker, J., *How to Create an Ecogarden*, Aquamarine, 2011.

# 你可以考虑加入的组织

**嗡嗡俱乐部（Buzz Club）**：我帮助创建的一个小型慈善机构，它是一个会员制俱乐部，科学家和公众在其中共同努力，查明哪些昆虫生活在我们的花园里，它们的数量如何变化，以及我们可以在花园里采取什么有效的措施来增加它们的数量。https://www.thebuzzclub.uk/.

**虫子生命（Buglife）**：专注于保护英国的无脊椎动物（昆虫、蜘蛛、蛞蝓、蜗牛等）。它积极在英国各地创造适合昆虫的栖息地，并发声支持反对糟糕农药的运动。https://www.buglife.org.uk/.

**蝴蝶保护（Butterfly Conservation）**：作为全世界最古老的专注于昆虫的慈善机构，蝴蝶保护在照顾蝴蝶和蛾类方面做着非常出色的工作。https://butterfly-conservation.org/.

**熊蜂保护信托基金（Bumblebee Conservation Trust）**：一家出色的小型慈善机构，致力于为熊蜂和其他授粉者提供栖息地。它还开展若干"公民科学"项目，如"Beewalks"，该项目正在收集关于熊蜂种群变化的宝贵数据。https://www.bumblebeeconservation.org/.

262 **英国蚯蚓学会**（The Earthworm Society of Britain）：一家令人愉快的组织，致力于提升大众对蚯蚓的认识，并运行一个全国性的记录计划。它正在大力招募更多的蚯蚓记录员，因为目前的数据非常稀少，英国的某些地区没有任何记录。为什么不试试呢？https://www.earthwormsoc.org.uk/.

**皇家鸟类保护协会**（Royal Society for the Protection of Birds）：虽然主要关注鸟类，但皇家鸟类保护协会已经将其活动范围扩大到保护所有野生动物。作为一个庞大且有力量的组织，它目前管理着英国各地的 100 多个自然保护区。https://www.rspb.org.uk/.

**野生动植物基金会**（Wildlife Trusts）：每个郡或地区都有自己的野生动植物基金会。从偏远的林地到城市自然公园，它们一共管理着大约 2300 个自然保护区。野生动植物基金会拥有庞大的志愿者网络，并且做了很多工作以帮助儿童接触自然。在网上很容易获得你所在地基金会的详细联系方法。

# 野花种子供应商

**蜂乐植物**（Bee Happy Plants）

https://www.beehappyplants.co.uk/.

出售种类繁多的不含农药的特殊种子。


**科茨沃尔德种子有限公司**（Cotswold Seeds Ltd.）

科茨沃尔德商务村（Cotswold Business Village）

伦敦路（London Road）

莫顿因马什（Moreton-in-Marsh）

格洛斯特郡

邮编：GL56 oJQ

https://www.cotswoldseeds.com/.


**艾莫斯盖特种子公司**（Emorsgate Seeds）

来檬农场（Limes Farm）

全圣蒂尔尼（Tilney All Saints）

金斯林（King's Lynn）

诺福克郡

邮编：PE34 4RT

https://www.wildseed.co.uk/.

# 索引

（索引中页码为本书页边码）

图书在版编目 (CIP) 数据

园丁拯救地球：打造身边的立体生态花园 / (英)
戴夫·古尔森 (Dave Goulson) 著；王晨译. -- 北京：
社会科学文献出版社, 2022.11
　　书名原文: The Garden Jungle
　　ISBN 978-7-5228-0445-3

　　Ⅰ.①园… Ⅱ.①戴… ②王… Ⅲ.①环境生物学 -
普及读物　Ⅳ.①X17-49

　　中国版本图书馆CIP数据核字（2022）第127006号

## 园丁拯救地球：打造身边的立体生态花园

| | | |
|---|---|---|
| 著　　者 / | 〔英〕戴夫·古尔森（Dave Goulson） | |
| 译　　者 / | 王　晨 | |
| 出 版 人 / | 王利民 | |
| 责任编辑 / | 杨　轩　胡圣楠 | |
| 文稿编辑 / | 公靖靖 | |
| 责任印制 / | 王京美 | |

出　　版 / 社会科学文献出版社（010）59367069
　　　　　　地址：北京市北三环中路甲29号院华龙大厦　邮编：100029
　　　　　　网址：www.ssap.com.cn
发　　行 / 社会科学文献出版社（010）59367028
印　　装 / 三河市东方印刷有限公司

规　　格 / 开　本：889mm×1194mm　1/32
　　　　　　印　张：9.625　字　数：198千字
版　　次 / 2022年11月第1版　2022年11月第1次印刷
书　　号 / ISBN 978-7-5228-0445-3
著作权合同
登 记 号 / 图字01-2021-4372号
定　　价 / 79.00元

读者服务电话：4008918866